KB046487

종의 기원,

자연선택의 신비를 밝히다

주니어클래식 1

종의 기원,

자연선택의 신비를 밝히다

윤소영 풀어씀

머리말

얘들아 곧장 집으로 가지 말고
코스모스 갸웃갸웃 얼굴 내밀며 손 흔들거든
너희도 코스모스에게 손 흔들어 주며 가거라
쉴 곳 만들어 주는 나무들
한번씩 안아 주고 가라
머리털 하얗게 셀 때까지 아무도 벗해 주지 않던
강아지풀 말동무해 주다 가거라

얘들아 곧장 집으로 가
만질 수도 없고 향기도 나지 않는
공간에 빠져 있지 말고
구름이 하늘에다 그린 크고 넓은 화폭 옆에
너희가 좋아하는 짐승들도 그려 넣고
바람이 해바라기에게 그러듯
과꽃 분꽃에 입맞추다 가거라

애들아 곧장 집으로 가 방안에 갇혀 있지 말고
잘 자란 벗잎 머리칼도 쓰다듬다 가고
송사리 피라미 너희 발 간질이거든
너희도 개울물 허리에 간지럼 먹이다가 가거라
잠자리처럼 양팔 날개 하여
고추밭에 노을지는 하늘 쪽으로
날아가다 가거라.

— 도종환, '종례 시간'

지난 여름방학을 앞두고 담임을 맡고 있는 반 아이들에게 나누어 준 시의 전문이다. 내가 이 시를 읽으며 느낀 것을 아이들도 느낄 수 있을까, 생각하다가 금세 요즘 아이들의 처지를 떠올리고는 욕심이 지나치군, 고쳐 생각했다.

아이들도 알 수 있을 텐데. 양지바른 운동장 한편에 앉아 머리칼에 부서지는 햇살의 무지개를 보는 것만으로도 좋다는 것을. 흐르는 물에 발 담그고 그냥 가만히 있어도, 바람 부는 억새 수풀가에 서 있기만 해도 좋다는 것을. 눈 쌓인 산길을 걷다 보면 심심해서 더 좋다는 것을.

심심하다고 느낄 새도 없이 하루가 지나가는 아이도 있지만, 잠시도 심심한 것을 참지 못해 끊임없이 휴대 전화나 컴퓨터 메신저를 이용하는 아이도 있다. 그리고 그 두 아이는 한 아이이다. 우리 사회가 아이들에게 풍요를 주었다고는 하지만 실은 너무 많은 것을 빼앗았다는 생각이다.

영국의 리처드 도킨스는 『이기적인 유전자』라는 책에서 '밈(meme)'이라는 새로운 개념을 내놓았다. 그는 생물의 유전 단위 '진(gene, 유전자)'이 아닌 문화의 전달 단위라는 뜻에서 이 말을 만들었다고 한다. 옥스퍼드 사전에서는 밈을 '유전적 방법이 아닌, 특히 모방을 통해서 전해지는 것으로 여겨지는 문화의 요소'라고 설명하고 있다.

예를 들어, 지방에 따라 다른 노랫말과 가락으로 복제된 '아리랑'은 하나의 밈이다. '오 필승 코레아'도, 요즘 유행하는 머리 모양도 하나의 밈이다. '죽으면 새로운 생명으로 다시 태어난다는 믿음' 역시 하나의 밈이다. 계속 귓가에 맴도는 광고문도 하나의 밈이다. 생물의 유전자처럼 밈도 복제되고 전달된다. 어떤 밈은 오랫동안 많은 사람의 뇌에 저장되고, 어떤 밈은 며칠 못 가서 모든 사람의 뇌에서 깨끗이 지워진다.

내가 '종례 시간'이라는 시에 실어 아이들에게 건네고 싶었던 '자연과 친하려는 마음'이라는 밈을 생각해 본다. 그 밈은 오랫동안 사람들과 함께 있었다.

다윈은 '자연과 친하려는 마음'이 특히 컸던 사람이다. 다윈의 이론은 그 마음에서 태어났다고 해도 지나치지 않을 것이다. 그는 자연을 관찰하면서 꿈을 꾸었고 사색에 잠겼다. 그 결과가 '자연선택설'이다.

이 책은 다윈이 자연선택설을 발표한 책, 『종의 기원』(원제 : 자연선택에 의한 종의 기원에 관하여)을 소개하기 위해 쓰여졌다. 다윈과 관련된 밈은 많다. 다윈의 진화론은 쓰레기라는 밈, 다윈이 인류를 원숭이의 후손으로 깎아내렸다는 밈, 다윈이 비정한 생존경쟁을 주장해서 우리를 경쟁적인 삶으로 몰아넣었다는 밈, 다윈이 신의 지배에서 인류를 해방시켰다는 밈, 다윈의 진화론으로 우리가 인류와 생명에 대한 새로운 깨달음을 얻었다는 밈 들이 그것이다.

독자 여러분의 머리속에도 이미 다윈에 대한 어떤 밈이 자리잡고 있을 것이다. 떨리는 마음으로 이 책이 어떤 밈을 복제하고 전달할지 생각해 본다. 마음의 문을 연다면 다윈의 이론이나 그 이론에서 바라보는 생명의 본질이 그렇게 추악한 것만은 아니라는 점을 깨달을 수 있을 것이다. 스스로 그러함〔自然〕은 그냥 그대로 아름다우니까.

많은 사람들이 진화라는 말을 입에 담는다. 그리고 진화에 대해 잘 알고 있다고 생각한다. 하지만 정말 그런가. 정작 다윈은 『종의 기원』에서 '진화'라는 말을 사용하지 않았다. 끊임없이 '변이'와 '자연선택'에 대한 신념, 그 신념을 키워 준 관찰과 생각을 이야기했을 뿐이다, 신중하고 겸손하게.

이 책이 다윈과 『종의 기원』에 대한 오해를 풀고 이해를 키우는 데에 도움이 되기를 바란다. 이 책을 읽고 다양한 각도에서 진화를 다룬 책을 읽고 싶다는 마음이 든다면 더욱 좋겠다. 그리고 다윈처럼 자연과, 자연과학과 친하려는 마음이 커진다면 더 바랄 것이 없겠다.

이 책의 구상에서 마무리까지 모든 것을 맡아 준 이권우 기획위원, 편집의 중요성을 일깨워준 정은숙 씨, 그리고 지금까지 은혜로운 가르침을 주신 많은 선생님들, 늘 나를 다시 돌아보게 해 주는 중암중학교 아이들, 힘이 되어 주고 조언을 아끼지 않은 임태훈 씨, 바쁜 엄마를 참아 주고 늘 웃음을 주는 돈규 · 성규에게 감사의 말을 전한다.

2004년 3월

윤소영

차 례

프롤로그

진화의 실마리를 찾아내다

1 다윈, 비글호를 타다

별난 남자아이가 있었다. 이름은 찰스, 성은 다윈.

아이는 1809년 영국에서 태어났다. 그때 영국의 여러 지방에는 이미 산업 혁명의 열기가 번져 있었지만, 찰스 다윈의 고향 슈루즈버리는 조용한 편이었다. 찰스는 어릴 때부터 유난히 들판과 냇가, 숲 속을 쏘다니길 좋아했다. 그리고 호기심 어린 눈을 반짝이며 마음을 잡아끄는 신기한 것들을 오래오래 들여다보곤 했다.

어려서 어머니를 여읜 찰스에게는 대자연의 모든 것이 좋은 친구였다. 찰스는 곤충, 꽃, 새 들과 벗하는 동안 새의 울음소리를 듣거나 알만 보고도 무슨 새인지 알아맞히는 어린 박물학자가 되어 있었다.

가문의 수치, 가문의 영광

기숙학교에 들어간 뒤에도 찰스는 틈만 나면 자연의 품에서 오랜 시간을 보냈다. 그러다가 곤충 채집에 취미를 붙여 여러 가지 딱정벌레를 잡아 표본을 만들고 그들의 생활사(生活史)를 꼼꼼히 조사하기도 했다. 책에 나온 다른 나라의 진기한 딱정벌레들에 마음을 빼앗긴 것도 여러 차례였다. 어른이 된 뒤에도 이런 취미를 버리지 못한 그는 이렇게 말하기도 했다.

"희귀한 딱정벌레를 잡았다는 소리를 들을 때마다, 내 가슴은 나팔소리를 들은 늙은 군마(軍馬)처럼 뛰논다."

어린 찰스 다윈은 스스로 박물학(자연사)의 연구 방법을 깨치고 꾸준히 실천하는 비범함을 보여 주었다. 하지만 친구나 선생님들의 눈에는 별로 똑똑하지도 않고, 취미는 괴팍하고 하릴없이 빈둥대기나 하는 그저 그런 아이로밖에 보이지 않았다.

하지만 사실은 그렇게 빈둥거리는 시간을 통해 창조의 힘이 꿈틀대며 솟아난 게 아닐까? 빈둥대며 보낸 어린 시절이 위대한 과학자 찰스 다윈을 낳은 건 아닐까? 빈둥거릴 시간을 빼앗긴 우리의 아이들을 보면서 가슴이 아파지는 이유가 여기에 있다.

다윈가(家)는 알아주는 의사 집안이었다. 할아버지와 아버지가 모두 의사였으므로 사람들은 찰스도 장차 의사가 되리라 믿어 의심치 않았다. 찰스 다윈이 에든버러 의대에 진학한 것도 매우 자연스러운 일이었다. 하지만 마취되지 않은 환자에게 외과 수술을 하는 장면을 목격한 다윈은 커다란 충격을 받았다. 그 뒤 의사가 되기를 포기한 그는 의학 수업은 듣지 않고 박물관에 드나들며 동물학, 지질학을 열심히 익혔다.

아버지의 실망은 이만저만이 아니었다.

"사냥이나 다니고 개와 쥐의 뒤꽁무니나 쫓아다니는 것밖에 네가 할 줄 아는 게 뭐가 있느냐? 부끄럽지도 않으냐? 넌 우리 가

어린 시절 다윈은 자연 속에서 시간 보내기를 좋아했다.
여동생과 함께 있는 어린 다윈.

문의 수치야." 이렇게 핀잔을 놓을 정도였다. 찰스가 먼 훗날 다윈 가의 명예를 얼마나 드높일지 알 수가 없었기 때문이다.

찰스 다윈은 아버지의 권유로 다시 케임브리지 대학에 진학해서 목사가 되기 위한 신학 수업을 받았다. '목사가 되려 한 다윈'이라니, 뒷날 그가 많은 기독교인들에게 공격받은 것을 생각하면 아이러니가 느껴지는 대목이다.

다윈은 신학에도 통 재미를 붙이지 못했지만, 어찌어찌 졸업 시험에는 합격할 수 있었다. 뜻밖의 결과에 다윈 자신도, 식구들도 모두 놀랐다고 한다. 이제 사람들은 그가 목사가 될 거라고 믿었다. 하지만 운명은 그를 전혀 다른 길로 이끌고 있었다.

다윈과 비글호의 인연

케임브리지 대학을 다니는 동안 다윈은 마치 쇠붙이가 자력에 이끌리듯 식물학을 가르치는 젊은 교수 헨슬로와 가까운 사이가 되었다. 두 사람은 함께 자연사를 연구하며 즐거움을 나누었다. 케임브리지를 졸업한 1831년 여름, 다윈은 헨슬로의 권유로 영국 남서부에서 이루어진 지질 조사에 참여하기도 했다.

지질 조사를 마치고 집으로 돌아온 그를 헨슬로의 편지 한 통이 맞아 주었다. 영국 군함 비글호의 피츠로이 함장이 2년으로 예정된 항해에 동행할 박물학자를 찾고 있다는 내용이었다. 헨슬로는, 원래 자신이 제의를 받았으나 사정이 있어 다윈을 추천하고 싶다고 했다. 다윈이라면 충분한 자격이 있다는 말과 함께. 다윈은 뛸 듯이 기뻤으나 아버지의 반대는 완강했다. 하지만 외삼촌의 설득으로 아버지는 결국 항해를 허락했고, 다윈은 비글호의 박물학자가 될 수 있었다.

다윈의 말을 빌리면, 피츠로이 함장은 "자신의 임무에 충실하고 관대하고 용감하며 정력적이고 어떤 어려움이 있어도 필요한 곳에 도움의 손길을 내밀 수 있는" 사람이었다. 26세의 젊은 나이에도 함장의 임무를 수행할 만한 능력이 있었던 것이다. 그는 또한 독실한 기독교인이었다. 그래서 동승한 박물학자가 항해하는 동안 『성서』 창세기의 증거를 찾아 주기를 바라는 마음도 있었다. 열정에 불타는 젊은 신학도인 다윈만큼 이런 일을 잘해 낼 사람은 없을 것 같았다. 그 바람은 비록 빗나갔지만.

> 대포 10문의 쌍돛대 군함 비글호는 피츠로이 함장의 지휘 아래 1831년 12월 27일 데번포트항을 출발했다. 세찬 남서풍으로 배가 두 번이나 뒤로 밀린 다음의 일이다. 탐험의 목적은 이미 시작된 파타고니아와 티에라델푸에고 지역의 조사를 마치고, 칠레와 페루, 태평양 몇몇 섬의 해안을 조사하고, 세계를 일주하며 경도를 측정하는 것이었다. 1월 6일 우리는 테네리페에 도착했다. 하지만 그곳 사람들은 우리가 콜레라를 옮길지 모른다며 상륙을 막았다. 이튿날 아침 우리는 바위투성이 그란 카나리아 섬 뒤로 떠오른 태양이 양털 같은 구름 위로 솟은 테네리페 봉에 빛을 던지는 것을 볼 수 있었다. 결코 잊혀지지 않을 그 많은 환희의 날들은 이렇게 시작되었다.*

비글호의 임무는 남아메리카 근해의 해도(海圖)를 만드는 것이었다. 당시 영국은 제국주의 정책을 추구해 세계 곳곳으로 식민지를 계속 확대하고 있었기에 바다의 지도를 작성하는 것은 매우 중요한 일이었다.

1831년 말, 비글호는 74명의 대가족을 싣고 영국을 떠났다. 2년으로 예정된 항해는 무려 5년까지 연장되었다. 피츠로이 함장은 그 동안 놀라운 성실성으로 매우 정밀한 82장의 해안도와 80장의 항구 지도, 40장의 항구 그림을 완성할 수 있었다.

성실성이라면 다윈도 지지 않았다. 항해가 시작되고 정말 하고 싶은 일을 할 수 있게 된 다윈은 마치 물 만난 고기 같았다. 뱃멀미의 고통도 풍토병의 두려움도 문제가 되지 않았다.

다윈이 비글호의 5년 항해 기간 내내 배를 탄 것은 아니다. 그의 승선 기간은 18개월 정도로 배보다는 육지에서 보낸 활동 기간이 더욱 길었다. 그 동안 다윈은 엄청나게 많은 자료를 수집하고 끊임없이 관찰하고 사색했다.

5년간의 항해를 마치고 다시 영국으로 돌아왔을 때 그의 손에는 다해서 약 2천 쪽에 이르는 18권의 두툼한 공책이 들려 있었다. 그때는 어쩌면 다윈 자신도 눈치 채지 못했을 것이다. 그 속에 과학의 역사를 바꾸어 놓을, 아니 인류의 사상사에 새로운 패러다임을 제시할 이론의 뼈와 살을 이룰 자양분이 들어 있음을.

*프롤로그의 인용문은 모두 다윈의 『비글호 항해기』(*The Voyage of the Beagle*)에서 번역한 것이다. 인용문에 대한 자세한 서지 사항은 책 말미에 덧붙였다.

왜 토끼가 없을까

비글호는 아프리카 대륙의 서안을 경유해 남아메리카 대륙의 동안과 서안을 차례로 훑으며 항해를 계속했다. 그리고 오스트레일리아 대륙, 아프리카 대륙을 지나 다시 남아메리카에 이르기까지 지구를 한 바퀴 돌았다. 다윈은 닿는 곳마다 배에서 내려 지역에 따라 새로워지는 자연사를 상세하게 기록했다.

그 범위는 바다의 플랑크톤에서 물고기, 연체동물, 곤충과 거미, 양서류, 파충류, 조류, 포유류는 물론, 오래전에 죽은 동물들의 화석 기록에 이르기까지 매우 넓었다. 항해하는 동안 라이엘의 『지질학 원리』를 읽고 크게 감명받은 다윈은 지질 조사에도 아주 새로운 눈으로 임할 수 있었다. 또한 여러 지역 사람들을 만나고 그들의 삶을 기록하는 것도 빠뜨리지 않았다.

남아메리카 대륙에서의 일이다. 말을 타고 팜파스*를 달리던 다윈은 문득 이상한 느낌이 들었다. 드넓은 초원, 풍족한 풀, 드문드문 보이는 덤불, 굴 파기에 적당한 흙이 있는 그곳에 무언가 빠진 것이 있었다. 바로 토끼였다. 놀란 눈으로 후다닥 뛰어 덤불 뒤나 굴속으로 몸을 숨기는 토끼도, 가만히 앉아 바람결에 코를 발름대는 토끼도, 사방을 살피며 귀를 쫑긋거리는 토끼도, 우물우물 풀을 씹는 토끼도 없었다. 단 한 마리도.

'모든 생물은 저마다 적당한 서식 환경에서 살고 있다. 그러니

*팜파스는 인디오 말로 '평원'이라는 뜻으로, 남아메리카 대륙의 아르헨티나를 중심으로 하는 대초원 지대를 가리킨다. 땅이 매우 비옥해서 양과 소를 많이 방목하는 곳으로 유명하다.

환경이 다르면 생물도 다를 수밖에. 그런데 이곳은 어떤가? 토끼가 깃들이기에 이보다 더 좋은 곳이 있을까?'

토끼의 서식 환경에 대해 잘 알고 있던 다윈에게 토끼가 한 마리도 없는 팜파스는 수수께끼가 아닐 수 없었다.* 그 수수께끼는 오랫동안 다윈의 마음을 붙잡고 놓아 주지 않았다.

'왜 토끼가 없을까?'

답은 하나였다.

'남아메리카에 토끼가 살지 않기 때문이다.'

다시 또 하나의 수수께끼.

'남아메리카에서는 어째서 토끼가 살지 않는 걸까?'

오랜 생각 끝에 다윈은 답을 얻었다.

'토끼는 아프리카에서 남아메리카로 대서양을 건너 헤엄쳐 올 수 없었기 때문이다.'

눈치 챌 수 있을 것이다. 이 답에 얼마나 커다란 의미가 있는가를. 매우 단순해 보이는 이 대답이 다시 꼬리에 꼬리를 무는 복잡한 질문을 낳을 수밖에 없다는 것을. 다윈은 오랜 세월 그 질문을 하나하나 꺼내어 보고 답을 찾고, 다시 질문하고 다시 답을 찾기를 거듭하며 하나의 이론을 세울 수 있었다.

* 토끼는 우리나라 산토끼처럼 굴을 파지 않는 멧토끼 종류와 굴을 파는 굴토끼 종류로 나눌 수 있다. 굴토끼는 유럽과 아프리카 대륙에 분포하는데, 먹이가 많은 곳에 땅굴을 파고 무리를 이루어 산다. 현재 흔히 볼 수 있는 집토끼는 굴토끼를 가축으로 만든 것이다. 본문에서 없다는 것은 야생 토끼를 말한다. 당시 남아메리카에도 집토끼는 들어와 있었다.

남아메리카 파타고니아의 동물들.
쥐목의 마라(위), 아구티(가운데), 소목 낙타과의 동물 과나코(아래)

파타고니아 토끼는 토끼가 아니다

다윈은 남아메리카 대륙에도 유럽이나 아프리카의 토끼와 비슷한 것이 있다는 것을 알게 되었다. 그래서 그것을 가리켜 '파타고니아 토끼'라고 불렀다. 하지만 파타고니아 토끼는 토끼가 아니었다.

> 어떤 종류든 이곳에 깃들인 새와 동물들은 그 수가 매우 적다. 이따금 사슴 비슷한 과나코를 볼 수 있지만, 그래도 가장 흔한 네발짐승은 아구티이다. 이곳의 아구티는 우리의 토끼에 해당한다. 하지만 그들은 근본적으로 토끼와 다르다. 예를 들어 아구티의 뒷발 발가락은 3개뿐이다. 또 몸집도 토끼의 두 배 가까이 된다. 아구티는 진정한 사막의 친구이다. 여기에서 아구티 두세 마리가 잇따라 거친 들판을 가로질러 곧장 뛰어가는 모습은 흔하게 볼 수 있는 풍경이다.

아구티와 마라*는 쥐목(目)** 동물들이다. 그런데 흔히 파타고니아 토끼라고 하는 마라는 뒷다리가 길고 꼬리는 짧고 매우 잘 달리기 때문에 '파타고니아의 장거리 주자'라는 뜻의 학명[*Dolichotis*

*다윈 시대의 생물 종 구분은 지금과 많은 차이가 있었다. 다윈이 파타고니아 토끼, 또는 아구티라고 아울러 부른 것은 현재의 아구티 한 종이 아니라 마라 · 아구티 등 토끼와 비슷한 여러 동물들이다. 또 다윈 시대에는 과나코가 야생 라마로 알려져 있었지만 현재 과나코와 라마는 서로 다른 종으로 알려져 있다.

** 쥐목 동물들을 흔히 설치류라고 한다. 생물의 분류는 '계-문-강-목-과-속-종'의 단계를 밟는다. 모든 젖먹이 동물, 즉 포유류는 포유강에 속하는데, 여기에서 토끼목 · 쥐목 · 소목 · 식육목 · 고래목 · 박쥐목 · 물개목 · 영장목 등이 갈라져 나온다. 상위 단계에서 갈라질수록 유연관계가 멀다. 토끼목의 토끼와 쥐목의 마라는 비슷한 모습을 하고 있지만, 토끼와 박쥐, 토끼와 고래만큼이나 서로 다른 동물이라고 할 수 있다.

patagonum]이 붙을 정도로 토끼와 닮았다. 이것을 보고 다윈은 '시리아 사막의 특징은 우거진 덤불, 수많은 쥐와 영양, 토끼 들이다. 파타고니아의 풍경에서는 과나코가 영양을, 아구티가 토끼를 대신한다'고 했다.

다윈은 "파타고니아의 동물상은 그리 풍부하지 않지만 작은 설치류만큼은 세계의 다른 어느 곳보다도 많다."는 것을 알게 되었다. 그리고 다양한 남아메리카의 쥐목 동물들을 조사하면서 그들이 형태적으로 매우 비슷하다는 것을 깨달았다.

다윈이 처음부터 그들이 같은 목에 속한다는 것을 알고 있었던 것은 아니다. 그때는 현재와 같은 분류 체계가 확립되지 않았기 때문이다. 하지만 다윈은 남아메리카의 쥐목 동물들을 조사하면서 그들이 서로 독립적으로 창조된 것이 아니라 계통적으로 어떤 관련이 있을지도 모른다는 생각을 하게 되었다. 그리고 이런 생각은 시간의 축을 가로질러서 인식의 지평을 넓혀 나갔다.

진화의 실마리를 찾아내다 2

다윈은 라이엘의 『지질학 원리』 1권을 들고 비글호에 올랐다. 그리고 대서양을 건널 때에는 이미 그 내용에 푹 빠져 있었다. 남아메리카에서는 『지질학 원리』 2권을 전해 받았다. 이제 다윈은 이전과는 전혀 다른 예민한 눈으로 지질을 관찰할 수 있게 되었다.

당시에는 퀴비에의 '천변지이설(天變地異說)'이 지질학의 정설이었다. 천변지이설이란 먼 옛날 지구에는 돌발적이고 격심한 지각 변동이 몇 번이나 반복되었는데 그때마다 지구상의 거의 모든 생물이 사멸하고 살아남은 것들이 세계에 널리 분포하게 되었다는 이론이다. 어떤 이들은 지층에 따라 달라지는 생물의 화석을, 천변지이 때마다 모든 생물이 사멸하고 다시 새롭게 창조되었기 때문이라고 설명하기도 했다.

하지만 라이엘은 허턴이 발표한 '동일 과정설'을 강력하게 지지하면서, '현재는 과거를 푸는 열쇠'라는 유명한 말로 천변지이설에 반기를 들었다.

동일 과정설은 지구상의 자연 작용은 예나 지금이나 변함이 없다는 학설이다. 현재 지구에서 일어나는 지질학적 변화가 오래

영국의 지질학자 라이엘. 그가 쓴 『지질학 원리』는 당시 과학 연구에 큰 영향을 미쳤다. 다윈도 비글호를 타고 여행하면서 이 책을 읽었다.

전에도 똑같은 방식으로 일어났으며, 미세한 변화가 오랫동안 쌓여서 큰 변화를 일으켰다는 것이다. 다시 말해, 땅의 표면이 오랫동안 천천히 바다에서 솟아올라 대륙과 산이 생겨나기도 하고, 서서히 바다 밑으로 내려앉거나 조금씩 개먹어 들어가 없어지기도 했다는 것이다. 이 이론에 따르면 지구의 역사는 사람들이 생각하던 것보다 훨씬 더 길어진다.*

다윈은 자신이 남아메리카의 지질을 관찰한 내용과 라이엘의 이론이 잘 맞는다는 것을 알게 되었다.

> 해안에서 몇 킬로미터 거리에 있는 평원은 거대한 팜파스 지층에 속한다. …… 해안에 더 가까운 곳에는 높은 지대에서 부서져 내린 것들과 대지가 서서히 솟아오르는 동안 바다에서 밀려 올라온 진흙, 자갈, 모래로 된 평원이 펼쳐져 있다. 융기의 증거는 최근의 조개껍데기들을 포함한 지층과 그 지역에 흩어져 있는 둥글게 깎인 조약돌들에서 찾을 수 있다.

그리고 지진으로 초토화된 페루의 어느 마을에서는 지구가 과거에는 물론 현재도 계속 변화하고 있다는 확신을 갖게 되었다.

반면 피츠로이 함장은 흙에서 나온 동물 화석은 노아의 홍수

*당시 사람들은 지구가 매우 젊다고 믿었다. 아일랜드의 어셔 대주교는 성서의 내용을 기준으로 해서 기원전 4004년 10월 22일에 세상이 창조되었다고 계산하기도 했다. 현재 알려진 지구의 나이는 약 46억 년이다.

때 익사한 것들의 잔해이며, 남아메리카에 토끼가 없는 것은 토끼가 원래 그곳에 속하지 않았기 때문이라고 간단히 설명하고 넘어갔다. 하지만 다윈은 항해를 계속하면서 종은 영원히 고정불변하는 것이 아니라 시간의 흐름에 따라 변할 수 있다는 생각을 굳히게 되었다.

시간을 담은 그릇, 화석

화석은 생물의 몸속에 시간의 흐름을 담고 있는 존재이다. 다윈은 화석을 모으고 그것들을 수습하고 관찰하면서 이루 표현할 수 없는 떨림과 희열을 느꼈으리라. 다음은 다양한 빈치류 화석에 대한 언급이다.

> 최근에 형성된 푼타알타의 어느 작은 평원에서는 특이한 대형 육상동물의 화석이 많이 발견되었다. 첫째, 메가테리움의 머리뼈들과 다른 뼈들. 둘째, 같은 계통의 메갈로닉스. 셋째는 역시 같은 계통의 스켈리도테리움으로, 거의 완전한 머리뼈를 얻었다. 이놈은 분명히 코뿔소만했을 것이다. 네 번째 역시 상당히 비슷하지만 몸집이 조금 작은 밀로돈. 다섯째는 또 다른 대형 빈치류. 여섯째는 아르마딜로처럼 골질의 등딱지를 가진 대형 동물. ……
>
> 이의 단순한 구조를 보면 이 동물들은 초식성으로, 나뭇잎이나 잔가지를 먹고살았을 가능성이 높다. 둔중한 몸집, 커다랗고 휘어진 튼튼한 갈고리 발톱은 이동성이 거의 없었을 것으로 보이는 특징들이

다. 따라서 몇몇 저명한 자연사 연구자들은 그들이 가까운 친척인 나무늘보처럼 나무에 매달린 채 나뭇잎으로 연명했을 거라고 믿게 되었다. 하지만 아무리 노아의 홍수 이전이라 해도 코끼리만한 동물이 매달릴 수 있을 정도로 튼튼한 나뭇가지가 있었다는 발상은 터무니없다고까지는 못하더라도 잘 믿기지 않는다. 그래서 오언 교수는 이들이 나무를 타고 올라간 것이 아니라 나뭇가지를 잡아당기거나 작은 나무를 뽑아서 나뭇잎을 먹고살았다고 믿게 되었다.

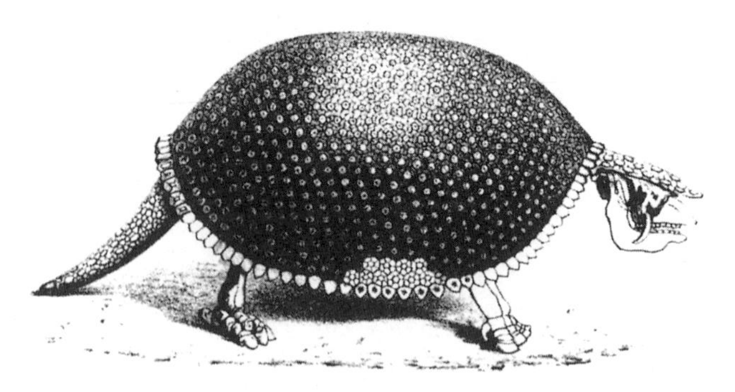

현재의 아르마딜로와 관련 있는 글립토돈의 대형 화석

현재 살아 있는 빈치류(貧齒類)는 크게 개미핥기, 나무늘보, 아르마딜로의 세 종류로 나뉜다. 이가 아예 없거나 있어도 매우 빈약하기 때문에 이런 이름이 붙었다. 빈치류는 화석 종이 오히려 더 다양한데, 현생 종과 화석 종 모두 주로 남아메리카 대륙에서 발견된다. 남아메리카 대륙에 내린 다윈은 그곳에서 다양한 빈치류의

빈치류는 화석으로 더 다양한 종을 확인할 수 있다. 다윈은 과거의 동물 골격과 현재의 동물 골격을 비교하며 시간과 생물의 역사를 꿰뚫는 눈을 가지게 되었다. 현재의 빈치류인 나무늘보(위), 아르마딜로(가운데), 개미핥기(아래).

화석을 발견하고 연구했다. 그는 모습이 비슷해서 관련이 있는 것처럼 보이는 과거의 동물 골격과 현재의 동물 골격을 비교했으며, 남아메리카의 많은 동물들이 멸종했음을 알게 되었다. 다윈은 그 원인과 과정에 대해 꼬리를 물고 떠오르는 생각 속에 깊이 빠졌다. 그리고 서서히 시간과 생물의 역사를 꿰뚫어 볼 수 있는 눈을 갖게 되었다.

> 어떤 종의 멸종을 더듬어 볼 수 있는 경우, 우리는 그 종이 점차 드물어지다가 사라지는 것을 알고 있다. 인간에 의해 사멸했든 천적에 의해 사멸했든 마찬가지이다. …… 제3기 지층에는 매우 흔한 조개가 지금은 매우 귀해지고 그래서 심지어는 오랫동안 멸종한 것으로 여겨진 경우도 종종 있었다. 그렇다면 생물 종이 처음에는 드물어지다가 결국 멸종한다고 볼 수 있을 것이다. …… 한때는 메갈로닉스가 메가테리움보다 드물었다든가, 어떤 화석 원숭이가 어떤 현생 원숭이에 비해 적었다고 해서 크게 놀랄 사람이 있을까? …… 종이 멸종 전에 드물어진다는 것을 시인하면서도 (한 종이 다른 종보다 상대적으로 드물어지는 데에는 전혀 놀라지 않다가) 어떤 종이 멸종에 이르면 별난 원인을 끌어대며 크게 놀라는 것은, 내게는 마치 병이 죽음의 전조임을 인정하면서도 (병이 든 것에는 전혀 놀라지 않다가) 앓던 사람이 죽으면 깜짝 놀라서 그가 폭행으로 사망했다고 믿는 것과 같은 일로 보인다.

신비의 섬, 갈라파고스

'사람들은 화석으로만 볼 수 있는 생물들은 노아의 홍수 같은 천재지변으로 멸종했다고 생각한다. 그 뒤 현재의 생물들이 창조되어 변함없이 살고 있다는 거야. 하지만 내 눈으로 보니, 과거의 생물들과 지금의 생물들이 아무 관계도 없다는 이야기는 도저히 믿을 수 없어. 생물들은 아주 오랜 시간에 걸쳐 서서히 변화해서 지금과 같은 모습이 된 거야.'

다윈의 마음속에서는 생물의 진화에 대한 믿음이 눈덩이처럼 커졌다. 그의 눈, 그의 머리는 끊임없이 그 과정에 대한 설명을 찾고 있었다. 그러던 중 다윈은 마치 이 세상에 속하지 않는 듯한 곳에서 새로운 생물들을 만나게 되었다. 갈라파고스 제도의 화산섬들에서였다.

> 이 제도는 열 개의 주요 섬으로 이루어지는데, 다섯 개 섬이 특히 크다. 이 섬들은 적도 밑에 위치하며, 남아메리카 해안에서 서쪽으로 약 1천 킬로미터 떨어져 있다. 이 섬들은 모두 화산암으로 되어 있다. …… 적도 바로 밑의 위치에 비해 날씨는 그리 덥지 않다. …… 이 섬들의 자연사는 매우 신기해서 주의를 끈다. 이곳에서 나는 생물들은 대부분 다른 곳에서는 찾아볼 수 없는 토착종들이다. 게다가 같은 종류도 섬에 따라 차이가 난다. 하지만 모두가 1천 킬로미터나 떨어져 있는 아메리카 대륙의 생물들과 뚜렷한 유연관계를 나타낸다. …… 우리는 지질학적으로 최근까지도 이곳에 대양이 펼쳐져 있었

갈라파고스 제도
에콰도르
남아메리카
판타 섬
마르체나 섬
적도
산실바도르 섬
페르난디나 섬
산타크루스 섬
산크리스토발 섬
이사벨라 섬
산타마리아 섬

갈라파고스 제도에 도착했을 때, 다윈의 눈앞에 새로운 생물들의 세계가 펼쳐졌다.
진화론의 실마리를 찾던 다윈에게는 이곳의 생물들이 다른 곳에서는 볼 수 없는
토착종이면서도 대륙의 생물들과 뚜렷한 유연관계를 나타내고 있었다.
갈라파고스코끼리거북과 선인장에서 꽃가루와 꿀을 먹는 핀치.

다고 믿게 되었다. 따라서 우리는 공간적으로나 시간적으로, 이 땅에 새로운 생명의 첫 출현이라는 저 위대한 사실, 신비 중의 신비에 어느 정도 접근한 것처럼 보인다.

다윈의 이 말은 새로 생긴 섬에 생명이 어떻게 출현했는가를 이해할 수 있었다는 뜻이다. 갈라파고스 제도의 생물들이 아메리카 대륙의 생물들과 유연관계를 나타내면서도 전혀 다른 종류라는 것은, 그것들이 아메리카 대륙에서 들어와 독특한 진화 과정을 거쳤음을 말해 준다. 다윈이 말한 '신비 중의 신비'란 이 과정을 뜻한다.

다윈은 갈라파고스 제도에 한 달 남짓 머물면서 눈과 귀, 마음을 열고 그곳에 있는 모든 것을 받아들였다. 갈라파고스는 거북이라는 뜻의 에스파냐어이다. 발견 당시 무인도였던 그 섬들에 매우 큰 거북(갈라파고스코끼리거북)이 많이 살고 있었기 때문에 이런 이름이 붙었다. 거북, 핀치(새), 도마뱀 등 갈라파고스 제도의 생물상(生物相)은 다윈의 마음에 깊은 인상을 주었다.

가장 흥미를 끄는 사실은 게오스피자(Geospiza) 한 속(屬)에 속하는 여러 핀치 종의 부리가 완전한 점진적 변화를 나타내며 다양한 크기로 변한다는 것이다. 큰 것은 콩새, 작은 것은 푸른머리되새의 부리 크기인데 …… 그 사이에도 구분이 어려울 정도의 여러 단계가 있다. …… 가까운 유연관계에 있는 작은 무리의 새들에서 이런 구조상의 점진적 변화와 다양성을 볼 수 있다면, 이 제도에는 원래 새가 거의 없었는데 한 종류가 들어와서 서로 다른 목적에 맞게 변화했다고 생각할 수도 있으리라.

갈라파고스의 여러 섬에 사는 핀치들은 자신의 섬에서 어떤 먹이를 얻을 수 있는가에 따라 크기와 모양이 다른 부리를 갖고 있었다. 또한 그들은 남아메리카 대륙에 서식하는 어떤 핀치와도 달랐다. 결국 다윈은 화산 폭발로 갈라파고스 제도가 생긴 뒤 대륙에서 한 종류의 핀치가 날아와 여러 섬에 흩어져 살면서 그곳의 환경에 맞추어 새로운 종으로 진화한 것이라는 결론을 얻었다.

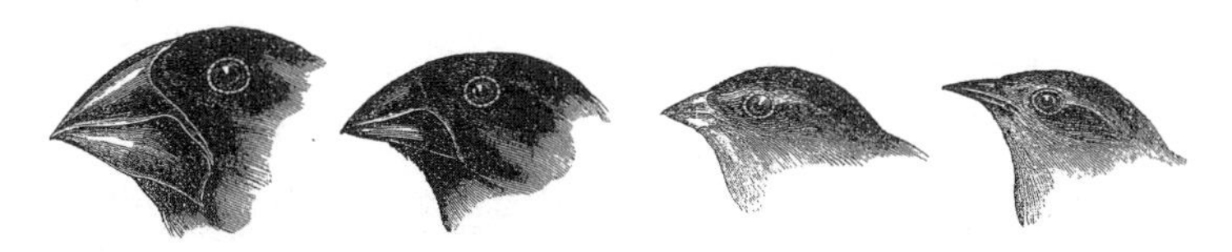

같은 종에서 분화하여 여러 가지 형태를 갖게 된 핀치의 부리

『인구론』과 자연선택

1836년, 비글호를 타고 남아메리카와 갈라파고스, 오스트레일리아 등을 거쳐 지구를 한 바퀴 돌아온 다윈에게 진화는 부인할 수 없는 사실이었다. 이제 문제는 어떤 과정을 통해 진화가 일어나는가 하는 것이었다. 그리고 그는 1838년 '흥미 삼아' 읽기 시작한

책에서 진화의 수수께끼를 풀기 위한 하나의 실마리를 얻는다.

다윈은 맬서스의 『인구론』이 출간되고 30여 년이 지난 후에 그 책을 읽게 되었다. 『인구론』은, 인구는 기하급수적으로(항상 전의 값의 몇 배가 되는 식으로) 증가하나 식량은 산술급수적으로(항상 전의 값에 일정한 값을 더한 식으로) 증가하므로 인구와 식량 사이에 불균형이 발생할 수밖에 없으며, 여기에서 기근과 빈곤, 악덕이 발생한다는 주장으로 유명한 책이다. 그리고 인구를 자연법칙으로 파악했다는 점에서 맹렬한 비판을 받기도 했다.

다윈은 맬서스의 이론에서, 생물은 자연조건 때문에 많은 자손을 잃거나 번식률이 감소하므로 남길 수 있는 자손보다 적은 자손을 남길 수밖에 없다는 사실에 주목했다. 이는 자연환경이, 살아남아 자손을 남길 개체를 '선택한다'는 생각으로 이어졌다. 여러 자손 중 어떤 자손이 살아남는가 하는 것은 자연환경에 의해 결정된다는 것이다.

다윈은 이런 생각에서 출발해서 '자연선택'의 이론을 정교하게 가다듬기 시작했다. "자연선택에 의해 생존에 긍정적인 영향을 주는 특징(형질)은 생물 집단 내에서 점점 더 뚜렷해지고, 긍정적인 영향을 주지 않는 특징은 점차 사라지는 결과를 낳는다."는 것이다. 다윈은 오랜 세월 동안 이런 '자연의 선택' 과정을 거치면서 생물의 진화가 일어난다고 생각했다. 그의 연구는 결국 『종의 기원』이라는 결실로 맺어질 수 있었다.

생명의 큰 나무를 그리다

종이란 무엇인가 3

과학이 어떻게 발전하는가를 조금이라도 이해하는 사람이라면 알 수 있을 것이다. 다윈 혼자서 진화론의 꽃을 피운 것은 아님을. 다윈의 시대에는 이미 진화론이 꽃필 수 있도록 땅을 다지는 일이 어느 정도 이루어져 있었다. 그리고 이런 기초 작업 중에 '종이 무엇인가'에 대한 분명한 인식이 있었다. 그 인식의 첫발자국을 떼어놓은 사람이 스웨덴의 과학자 린네이다.

린네는 다윈보다 약 1백 년 전에 살던 사람이다(정확하게는 102년 먼저 태어났다). 어려서부터 식물 관찰에 몰두하던 그는 구두 수선공의 조수로 일하는 등 우여곡절 끝에 의대에 들어갔고 그곳에서 생물학 연구에 힘썼다.

자연의 체계

그 결과가 1735년에 펴낸 『자연의 체계』라는 책이다. 린네는 이 보물과도 같은 책을 통해 생물을 분류하는 방법을 소개했다. 그는 이 일을 하기 위해 우선 각각의 생물을 매우 자세하게 조사했다. 그리고 그 자료를 바탕으로 큰 무리에서 작은 무리에 이르기까지

스웨덴의 생물학자 린네. 린네는 생물을 분류하는 체계를 고안하여 거대하고 혼돈스러운 생물계에 질서를 부여하였다.

모든 생물을 질서 정연하게 분류했다.

린네가 말한 생물 분류의 가장 작은 단위가 종(種)이다. 같은 종에 속하는 생물들은 짝짓기나 가루받이 같은 생식 과정을 통해 자손을 남길 수 있다. 여기에서 중요한 것은 그 자손도 같은 과정을 통해 다시 자손을 남길 수 있어야 한다는 점이다.

예를 들어, 암말과 수탕나귀는 짝짓기를 해서 새끼를 낳는다. 바로 노새이다. 그런데 제아무리 힘센 노새라도 심각한 문제가 있다. 새끼를 낳을 수 없어서이다. 따라서 아무리 모습이 비슷하고 새끼까지 낳을 수 있어도 말과 당나귀는 같은 종이 될 수 없다. 하지만 진돗개와 푸들, 불독과 달마시안은 모습은 많이 다를지라도 같은 종(개)이다. 그래서 그들 사이에서 태어난 강아지는 자라서 새끼를 낳을 수 있다.

린네는 공통점이 많은 비슷한 종들을 그보다 조금 큰 단위인 속(屬)으로 묶었다. 그리고 몇 개의 속을 묶어서 과(科)를 만들고, 다시 몇 개의 과를 묶어 목(目)을 만들었다. 그 위로는 다시 강(綱), 문(門), 계(界)라는 분류 단위를 두었다. 가장 큰 분류 단위인 계는 동물계, 식물계 등으로 나뉜다.* 린네는 이렇게 말뜻 그대로 '자연의 체계'를 만들어 냈다.

*린네는 전체 생물을 동물계와 식물계로 나누었으나, 지금은 동물계 · 식물계 · 균계 · 원생생물계 · 모네라계의 다섯 계로 나누는 것이 보통이다.

새로운 아담

린네가 『자연의 체계』에서 소개한 것이 또 한 가지 있으니, 생물의 이름 짓기 방법이었다. 분류 방법과 마찬가지로 이 방법도 매우 격조가 있었다. 린네의 이름 짓기는 물론 집에서 기르는 햄스터에 '햄토리' 같은 이름을 붙이는 것과는 차원이 다른 일이었다. 그가 지어낸 것은 개체의 이름이 아니라 종의 이름(학명)이었기 때문이다.

린네가 창안한 이름 짓기 방법을 이명법(二名法)이라고 한다. 모든 종을 두 개의 이름을 조합해서 나타냈기 때문이다. 린네는 종의 이름이 세계 어디에서나 통용되도록 라틴어를 이용하자고 했다. 그리고 대문자로 시작하는 속의 이름과 소문자로 시작하는 종의 이름을 조합해서 생물의 이름을 지었다.

예를 들어, 사람의 종명은 '슬기사람'이라는 뜻의 '호모 사피엔스(*Homo sapiens*)'이다(린네는 놀랍게도 사람을 생물의 분류 체계에 집어넣는 일을 감행했다). 여기에서 사람이라는 뜻의 라틴어 '호모'는 사람속(屬)을 나타내고, 라틴어로 '슬기로운'이라는 뜻의 사피엔스는 사람속에 포함된 사람종을 나타낸다.*

사람들은 순순히 린네의 이명법을 따랐다. 아마추어 자연사 연구자들은 자신이 갖고 있는 생물 표본에 혹시 새로운 종이 있을지도 모른다는 희망에 들떴다. 린네는 자신이 연구한 표본 이외에도

*사람속(Homo)에는 현생 인류인 호모 사피엔스 외에도 호모 에렉투스(곧선사람, 직립 원인), 호모 하빌리스(손쓴사람), 호모 네안데르탈렌시스(네안데르탈인) 등의 화석 인류가 포함된다.

여기저기에서 보내온 표본들로 이름 짓기 잔치를 벌일 수 있었다. 그는 권위의 화신이 되어 혼돈스러운 생물계에 질서를 부여했다. 성서에서 태초에 아담이 동물들의 이름을 지은 것처럼 그는 이 세상이라는 거대한 동산에 나타난 새로운 아담이었던 것이다.

한 걸음 또 한 걸음

사람들은 이제 소통의 수단을 갖게 되었다. '타이거'라고 하면 호랑이도 될 수 있고 남아메리카의 살쾡이 종류도 될 수 있지만, 판테라 티그리스(*Panthera tigris*)라고 하면 확실히 호랑이가 되는 것이다. 진정 객관적인 생물학 연구는 린네 이후에 시작되었다고 해도 지나친 말이 아니다.

그 시대의 다른 사람들처럼 린네도 처음에는 '종의 불변'을 굳게 믿었다. 그래서 '종은 일정 불변하며 신이 창조한 종의 수도 불변'이라고 했다. 하지만 어느덧 의심이 스며든 것일까? 린네는 살아 있는 동안 여러 차례 『자연의 체계』 개정판을 내놓았는데, 나중에 나온 판에서는 종의 불변이라는 내용이 슬그머니 빠져 있다.

린네의 연구를 통해 사람들은 진화론을 향해 한 걸음 한 걸음 나아갈 수 있었다. 린네는 모든 생물을 같은 것들, 조금 가까운 것들, 조금 더 먼 것들, 훨씬 더 먼 것들로 분류하면서 생물의 세계에 질서를 부여했다. 이제 지구상의 모든 생물은 하나하나 따로 떨어진 독립적 존재가 아니었다. 이런 인식은 그 질서를, 그 질서가 나타난 과정을 이해하려는 노력으로 이어질 수밖에 없었다.

다윈의 시대에는 린네의 연구를 통해 생물의 종에 대한 인식이 확고히 세워져 있었다. 한편 땅속에서는 끊임없이 새로운 화석들이 발견되었다. 지질학이 발달하면서 사람들은 서로 다른 지층이 서로 다른 시대를 나타낸다는 것을 이해하게 되었다.

사람들은 화석을 통해 지금은 사라진 많은 생물들을 만났다. 모양은 코끼리인데 커다란 몸집에 텁수룩하게 털이 난 매머드 같은 것이 한 예이다. 멸종한 종의 발견과 함께 또 다른 사실이 알려졌다. 지금 살아 있는 생물 가운데 오래된 지층에서는 발견되지 않는 종이 있다는 것이다. 사람도 그런 종이었다.

사람들은 지질학 기록에 나타나 있는 이런 생물 종의 변화에 대해 타당한 설명을 찾기 시작했다. 그리고 그 설명은 크게 두 갈래로 나뉘었다. 퀴비에의 천변지이설처럼 창조와 천재지변에 의한 멸종이 되풀이되었다고 하는 설명과, 생물의 종이 계속 변화했다고 하는 진화론이 그것이었다. 과학적인 연구와 관찰은 진화론에 무게를 실어 주었다.

좋은 품종을 얻기 위한 노력

다윈은 『종의 기원』을 '기르는 동식물에서 나타나는 변이'라는 주제로 시작하고 있다. 사람들이 기르는 동식물은 야생의 동식물과는 매우 다른 특징을 나타낸다. 그 까닭으로는 우선 농민들이 정성어린 손길로 좋은 환경을 만들어 준다는 점을 꼽을 수 있을 것이다. 아무리 좋은 열매를 많이 맺던 과일나무라고 해도 몇 년씩 그냥 내버려 두면 보잘것없는 열매를 맺을 테니까. 하지만 기르는 동식물에는 품종 자체가 야생 동식물과 다른 것이 많다.

품종은 기르는 동식물 중 같은 종에 속하지만 모양이나 생리면에서 다른 특징(유전 형질)을 갖는 무리를 따로 길러 낸 것을 말한다. 개의 경우 진돗개, 풍산개, 삽살개, 그레이하운드, 불독, 치와와 같은 것들이다. 후지, 홍로, 홍옥, 스타킹, 국광 등은 사과의 품종이다. 이런 품종은 인류가 오랫동안 동식물을 기르는 과정에서 생겨났다. 그리고 지금도 여러 나라의 농업 연구소와 농민들은 유용한 품종을 만들어 내기 위한 노력을 계속하고 있다. 이런 일을 품종 개량, 또는 육종이라고 한다.*

품종 개량과 육종은 같은 의미로 쓰이는 경우가 많다. 하지만 엄밀하게 말하면 육종이 더 넓은 의미를 갖는다. 품종 개량은 말 그대로 현재 있는 농작물과 가축 품종의 특성을 개량하는 것이다. 이에 비해 육종에는 새로운 품종은 물론, 새로운 종을 만들어 내는 일까지 포함된다.

육종은 수천 년 전 인간이 처음으로 동식물을 기를 때부터 시작되었다고 할 수 있다. 선사 시대 원시인들도 가능하면 이용하기 좋은 동식물을 골라서 길렀을 테니까. 하지만 다양한 방법을 사용

*품종 개량은 농작물이나 가축의 생산성을 높이고 품질을 개선하는 것을 목표로 한다. 하지만 그 결과 농축산물의 품종이 한쪽으로 치우치면서 병충해에 취약해지거나, 수급 조절에 실패할 가능성을 우려하는 목소리도 높아졌다. 사과의 경우, 1960년대까지 우리나라에서 재배하던 품종은 주로 국광 · 홍옥이었는데, 1970년대부터 새로운 품종이 도입되면서 다양한 시도가 이루어지다가 1990년대에는 후지의 편중 재배가 심해졌다. 지금은 원예 연구소에서 육성한 종인 홍로 등의 재배 면적이 늘고 있다.

한 근대적 의미의 육종이 시작된 것은 19세기, 즉 다윈의 시대부터였다.

기르는 동식물의 다양성

다윈은 『종의 기원』 1장 '기르는 동식물에서 나타나는 변이'에서 많은 부분을 기르는 동식물에서 나타나는 변이의 다양한 예를 드는 데 바치고 있다. 이야기는 "기르는 동식물은 야생 동식물에 비해 변이의 폭이 훨씬 더 크다."는 데에서 출발한다.

> 예로부터 길러 온 같은 품종에 속하는 동식물의 여러 개체를 비교해 보면, 자연 상태에 있는 것보다 서로 훨씬 뚜렷한 차이를 나타낸다는 인상을 받게 된다. 다양한 기후에서 다양한 방식으로 길러 온 동식물이 이렇게 커다란 차이를 나타내는 것은 그들의 조상이 갖고 있던 자연환경과는 다른 일정하지 않은 환경조건에서 자랐기 때문일 것이다. 생물은 여러 세대 동안 새로운 환경에 놓이면 커다란 변이를 일으킨다.*

변이는 같은 종의 생물에서 볼 수 있는 형질의 차이를 말한다. 변이는 크게 유전 변이와 환경 변이로 나눌 수 있다.** 유전 변이

*앞으로 나올 인용문에서 별다른 표시가 없는 것은 모두 다윈의 『종의 기원』에서 나온 것이다. 여러 판본 가운데서 옥스퍼드 대학출판부에서 나온 것(Charles Darwin, *The Origin of Species*, Oxford University Press, 1996)을 텍스트로 삼아 번역했다.

는 검은 눈과 푸른 눈, 곱슬머리와 곧은 머리처럼 유전 형질에 따라 나타나는 차이이다. 환경 변이는 같은 꼬투리에서 나온 씨앗이 떨어진 곳에 따라 크게 자라기도 하고 시들어 버리기도 하는 것 같이 환경 요인에 따른 차이이다. 하지만 많은 변이는 유전과 환경 요인이 함께 작용해서 나타난다. 다윈은 특히 가축들이 보여 주는 변이에 주목했다.

> 예컨대 오리의 뼈를 보면 집오리는 야생 오리에 비해 날개뼈는 가볍고 다리뼈는 무겁다. 이는 집오리가 조상인 야생 오리보다 날아다니는 일은 적어지고 걷는 일이 많아졌기 때문일 것이다. 소나 염소의 유방을 보아도 전통적으로 젖을 짜는 나라의 동물들이 더 크고 유전적으로 발달한 유방을 갖고 있다.

다윈은 이 밖에도 고양이, 비둘기, 닭, 말, 개 등 매우 다양한 사육 동물의 사례를 들고 있다. 비둘기에 대해서는 특히 많은 이야기를 하고 있다. 다윈 스스로 오랫동안 비둘기들을 기르고 서로 다른 품종을 교배하여 잡종을 얻고 관찰하면서 많은 사실을 알게 되었기 때문이다. 그는 연구를 통해 모든 사육 비둘기들이 들비둘기라는 공통 조상에서 나왔다는 결론을 얻었다고 밝힌다. 그리고 이렇게 묻고 있다.

** 많은 교재에서 변이를 유전되지 않는 개체 변이와 유전되는 돌연변이로 구분하는데, 이는 타당한 분류 방식으로 보이지 않는다. 돌연변이는 어버이에게는 없던 형질이 갑자기 나타나는 유전 변이이다.

여러 기르는 품종들이 같은 조상에서 유래했음을 시인하면서도 자연 상태의 종이 다른 종의 직계 자손이라는 생각을 비웃는 박물학자들은 신중이라는 교훈을 배워야 하지 않을까?*

선택의 힘

기르는 동식물이 야생종에 대해, 그리고 서로에 대해 그렇게 많은 차이를 나타내게 된 까닭은 무엇일까? 다윈은 그것을 인류의 '선택' 때문이라고 설명한다. 이런 것을 가리켜 인위 선택이라고 한다. 다윈의 이야기를 들어 보자.

끈질기게 싸우는 싸움닭, 절대로 알을 품지 않으면서도 계속 알을 낳는 닭, 사람들의 다양한 욕구를 충족시키는 훌륭한 작물들, 아름다운 화초들을 보면서 우리는 깨닫게 된다. 모든 품종이 오늘날 우리 눈에 보이는 것처럼 완전하고 유용한 것으로 갑자기 생겨난 것이 아님을. 그 열쇠는 인류의 거듭된 선택의 힘이다. 자연은 계속 변이를 일으키고 인류는 그것을 유용한 방향으로 이끈다. 결국 인류는 자신에게 유익한 품종을 만들어 낸다고 할 수 있다.

이어서 다윈은 뛰어난 육종가들의 능력에 대해 이야기한다. 그들은 마치 '벽에 분필로 완전한 형태를 그린 뒤 그것에 생명을 불

*기르는 여러 다른 품종들이 같은 조상에서 유래했듯이, 자연 상태의 종도 다른 종에서 유래했다고 볼 수 있다는 것이다.

어넣기라도 한 것처럼' 동물의 특징을 마음대로 변화시킬 수 있었다는 것이다. 어떤 비둘기 육종가는 "어떤 날개라도 3년이면 만들어 낸다. 하지만 머리와 부리는 6년이 걸린다."고 주장했을 정도이다. 그리고 다윈은 인간의 선택이 발휘하는 놀라운 힘에 대해 다시 한 번 강조하고 있다.

이렇게 해서 『종의 기원』 1장을 다 읽을 때쯤이면 모든 독자의 머릿속에 한 가지 인식이 자리잡게 된다. "기르는 동식물은 다양한 변이를 나타내는데, 이는 그들이 인위 선택을 통해 야생종과 다른 특징을 갖게 되었기 때문이다." 더불어 현재의 종은 오랜 변화 과정을 거쳐 다른 종으로부터 생겨났을 수도 있다는 종에 대한 유연한 시각도 얻게 된다.

종은 어떤 기원을 갖는가 4

다윈은 『종의 기원』 1장에 이어 2장 '자연 상태에서 일어나는 변이'에서도 변이에 대해 이야기하고 있다. 앞에서 이미 말했듯, 변이는 같은 종의 생물에서 나타나는 형질의 차이를 말한다. 이런 차이 중에는 유전에 의해 나타나는 것(유전 변이)과, 환경에 의해 나타나는 것(환경 변이)이 있다. 같은 부모를 갖는 개체들도 서로 다른 유전적 특징에 의해, 그리고 환경에 의해 여러 가지 차이를 나타낸다. 다윈은 이런 개체의 차이를 매우 중요하게 다루고 있다.

> 같은 어버이를 가진 자손들이라고 해도 여러 가지 사소한 차이가 있다. 같은 종의 모든 개체를 똑같은 틀에 넣을 수 있다고 생각하는 사람은 아무도 없다. 이런 개체의 차이는 우리에게 특히 중요한 의미가 있다. 사람이 기르는 동식물에서 어떤 특정한 방향으로 개체의 차이를 축적할 수 있듯이, 이런 차이가 쌓여서 자연선택을 일으킬 수 있기 때문이다. 이런 개체의 차이는 대체로 중요성이 덜한 부분에서 나타나지만, 때로는 중요하게 보이는 부분들에서 같은 종의 개체들이 차이를 나타내기도 한다.

눈의 색깔, 머리카락 모양, 혈액형 같은 것은 분명 유전 변이이다. 그러나 쌍둥이(일란성)라 해도 운동을 열심히 한 사람은 근육이 울퉁불퉁하고 운동을 안 한 사람은 근육이 빈약하다면 그것은 환경 변이이다.하지만 유전 변이 또는 환경 변이라고 딱 잘라 이야기할 수 없는 특징도 많다. 사람처럼 복잡한 요인을 갖는 경우는 특히 그렇다.

'유전이냐, 환경(또는 문화)이냐'라는 주제는 진화만큼이나 많은 논란을 불러일으켰다. 특히 이 문제는 사람과 결부되면서 뜨거운 논쟁거리로 대두되었다. 사람이 나타내는 특징은 환경의 영향이 지배적이라고 보는 사람들은 이런 주장을 펼치기도 했다.

"건강한 아기만 데려온다면, 그 아이를 시인이나 음악가, 화가, 범죄자, 의사, 정치가 등 어떤 사람으로든 키워 낼 수 있다."

같은 사람이라도 어떤 환경을 제공하느냐에 따라 얼마든지 다른 특징을 나타낼 수 있다는 뜻이다.

유전이냐, 환경이냐

'늑대 소년'을 예로 들어 보자. 키플링의 소설 『정글 북』에서 주인공 모글리는 아기일 때 정글에서 호랑이를 피하다가 늑대한테 구출된다. 늑대의 젖을 먹고 목숨을 부지한 모글리는 정글의 야성과 인간의 지혜를 겸비한 멋진 소년으로 자란다. 물론 소설 속 이야기이다. 그렇다면 현실에서는 어떨까?

1920년대 인도 북부의 한 마을에서 늑대가 기르던 두 소녀가 발견되는 사건이 일어났다. 구출* 당시 그들은 8살과 5살로 보였으며 사람을 만난 적이 없는 듯했다. 작은 아이는 얼마 못 가서 죽었고, 큰 아이는 10년 정도를 더 살았다. 하지만 두 다리로 서지도 못했고, 날고기만 먹었으며, 늑대처럼 네발로 걷고 밤에만 활동했다. 물론 말도 배울 수 없었다. 환경이 사람의 지능이나 행동에 얼마나 커다란 영향을 미치는지를 말해 주는 예이다.

이에 반해 사람의 지능이 유전에 의해 결정된다고 주장하는 연구 결과도 여러 차례 발표되었다. 또 특정한 병에 걸릴 확률, 급한 성격, 심지어 공격성에 대해서까지 유전과 관련이 있다는 연구 결과가 발표되기도 했다.

이런 일에 대해서는 많은 사람들이 걱정하고 있다. 사람을 좋은 종자와 나쁜 종자로 가르려는 시도**를 불러일으킬 수 있다는 생각 때문이다. 과학의 이름으로 '범죄 유전자를 제거하자'는 캠페인이라도 벌인다면 얼마나 많은 사람들의 인권이 짓밟힐 것인가. 이런 생각은 수많은 유태인들을 가스실로 보낸 히틀러의 시대를 떠올리게 한다.

영화 '가타카'에는 이런 상황이 잘 그려져 있다. 가타카가 그리

* 그것이 정말 구출이었을까? 다윈은 『비글호 항해기』에 티에라델푸에고의 원주민 몇 명을 영국에서 교육한 뒤 다시 그들을 본국에 되돌려 보낸 일에 대해 쓰면서, 그 일이 정말 그들에게 좋은 일이었는지를 묻고 있다. 죽을 때까지 사람들의 세계에 적응하지 못한 늑대 소녀들에 대해서도 비슷한 의문을 품게 된다. 심리학, 교육학이 1920년대에 비해 크게 발달한 지금 비슷한 일이 일어난다면 다른 결과를 얻을 수도 있을까?

** 인류를 유전학적으로 개량하려고 하는 시도를 우생학이라고 한다. 우생학은 19세기 말부터 20세기 초에 크게 인기를 끌었다. 우생학을 창시한 사람은 다윈의 사촌 동생인 프랜시스 골턴이다.

는 미래 사회에서 모든 사람은 피부 한 조각, 피 한 방울, 침 한 방울로 판단된다. 그 속의 유전 정보가 우수한 사람들은 사회의 주요 부문을 장악하고, 열등한 사람들은 하층민 생활을 벗어나지 못한다. 신분 상승을 위한 유일한 방법은 유전자 밀매 시장에서 좋은 유전자를 사서 평생 남들을 속이며 사는 것뿐이다. 그곳에서 주인공 빈센트는 자신의 예견된 미래(심장병, 범죄자 가능성, 31살 사망)에 반기를 든다.

인류가 가타카의 사회를 만들 정도로 어리석은 존재라고는 생각하지 않는다. 그렇다고 안심할 수만은 없다. 언제 어디에서나 사회의 구조적 모순을 정확하게 파악하고 이를 이성적으로 해결하기보다는 개인에게 손가락질을 하거나 돌멩이를 던지기가 더 쉽기 때문이다. 사람의 행복보다 경제 규모가 더 중요한 사회에서라면 더욱 그렇다.

물론 지능에 유전적 요소가 있다는 데에 반대하는 사람은 거의 없을 것이다. 현대의 많은 학자들은 지능에 환경과 유전이 함께 작용한다고 본다.

지능은 '스위스 아미나이프'(흔히 맥가이버 칼이라고 한다)에 비유되기도 한다. 한 개의 케이스 속에 칼, 가위, 줄, 병따개 따위가 들어 있는 아미나이프처럼, 지능도 용도에 따라 꺼내 쓸 수 있는 언어의 지능, 사회성의 지능, 지각의 지능, 수리의 지능, 추리의 지능, 자연을 이해하는 지능 들이 따로 있다는 것이다.

그렇다면 어떤 지능은 유전의 영향이, 어떤 지능은 환경의 영향이 더 클 수도 있다. 급한 성격, 손재주, 자상한 부모가 될 가능성, 음악성, 암에 걸릴 확률, 비만이 될 가능성, 폭력성과 같이 사람의 다른 특징들에 대해서도 비슷한 이야기를 할 수 있을 것이다.

종과 아종, 변종의 경계

다윈이 『종의 기원』 2장에서 일관되게 이야기하는 내용은 종이 변종에서 발달한다는 것이다. 다윈 시대의 사람들은 모든 생물 종이 조물주에 의해 따로따로 창조되었다고 믿었다. 그리고 그렇게 창조된 종 내에서 자연스러운 변이 과정을 거쳐서 변종들이 나타났다고 보았다. 그들에게 종은 고정불변하는 것이었다. 다윈은 이에 대해 끊임없이 의문을 제기한다. “종과 변종의 경계는 얼마나 허물어지기 쉬운가?” 하고.

> 윗슨 씨는, 대체로 변종으로 취급되지만 식물학자들은 모두 다른 종으로 분류하는 영국 식물 182가지를 알려 주었다. …… 가장 큰 다형성*을 나타내는 속(屬)들에서 바빙턴은 251종을 제시한 반면 벤담은 112종만을 제시하고 있다. 139종이나 차이가 나는 것이다. 한 나라 안에서, 새끼를 낳을 때마다 짝을 바꾸고 이동성이 큰 동물로서, 어떤 학자는 종으로 보고 다른 학자는 변종으로 보는 의심스러운 종류가 발견되는 경우는 거의 없다. 하지만 격리된 지역 사이에서는 흔

*같은 종의 생물이면서 모양이나 성질에서 다양성을 나타내는 상태. 암수의 크기 · 모양 · 색깔이 다른 것이라든지, 꿀벌에서 보이는 여왕벌과 일벌의 차이 등을 말한다.

한 일이다. …… 서로 조금밖에 다르지 않은 북아메리카와 유럽의 새와 곤충 가운데 얼마나 많은 것들을, 어느 저명한 학자는 서로 다른 종으로, 다른 학자는 변종(또는 지역 종)으로 분류했던가! 오래전 갈라파고스 제도의 여러 섬에 사는 새들과 아메리카 대륙의 새들을 서로 비교하면서, 나는 종과 변종의 구분이 얼마나 막연하고 근거 없는 것인가 하는 점을 뼈저리게 느낄 수 있었다.

다윈은 다시 다양한 예를 들면서 종(種)과 변종(變種), 아종(亞種) 사이의 경계 허물기에 나서고 있다.

네안데르탈인은 호모 사피엔스?

이제 종의 일부인 변종과 아종의 개념을 명확히 해야 할 것 같다. 변종은 종의 기준 표본*과 거의 같지만 형태의 일부나 생리 · 지리적 분포 등이 기준 표본의 집단과 뚜렷하게 구별되는 생물 집단을 말한다. 하지만 과학적인 분류 근거가 있다고 볼 수는 없다.

이에 대해 아종은 생물 분류에서 종보다 낮은 단계로, 같은 종은 분명하지만 지역적 · 시간적으로 (변종에 비해) 확실한 차이를 나타내는 무리를 가리킨다. 아종의 이름은 삼명법(三名法)을 사용한다. 속명 뒤에 종명, 그 뒤에 아종명을 적는다.

예를 들어 보자. 과거 지구 역사에는 네안데르탈인이라는 화석

*기준 표본이란 생물을 분류할 때 종을 정하고 확인하는 증거가 되는 표본을 말한다.

인류가 존재했다. 그들은 현생 인류와 비슷한 크기의 뇌를 갖고 있었고 매우 발달한 구석기를 사용했다. 이 네안데르탈인의 분류와 관련해서는 두 가지 이론이 있다. 한쪽에서는 그들을 '호모 네안데르탈렌시스'라는 하나의 독립된 종으로 보아야 한다고 주장한다. 다른 한쪽에서는 그들을 사람 종(호모 사피엔스)의 한 아종인 '호모 사피엔스 네안데르탈렌시스'로 본다. 네안데르탈인과 또 다른 아종인 현생 인류(호모 사피엔스 사피엔스, 슬기슬기사람)가 함께 호모 사피엔스라는 종을 이룬다는 것이다. 이때 '호모 사피엔스 네안데르탈렌시스'와 '호모 사피엔스 사피엔스'의 세 번째 이름인 네안데르탈렌시스와 사피엔스는 모두 아종의 이름이다.

네안데르탈인의 분류를 둘러싼 이런 이견을 어떻게 해석해야 할까? 변종은 말할 것도 없이, 아종에도 명확한 기준이 없다는 뜻이 아닌가? 그래서 다윈의 다음 이야기가 더욱 그럴듯해 보인다.

> 확실히 종과 아종 사이에 아직 명확한 경계선이 그어지지는 않았다. 다시 아종과 뚜렷한 변종, 대수롭지 않은 변종과 개체의 차이에 대해서도 같은 말을 할 수 있을 것이다. 이런 차이들은 서로 융합해서 눈에 띄지 않을 정도로 조금씩 변하는 연속성을 이루고 있다. 그리고 그 연속성은 어떤 실제적인 진행 과정을 그대로 나타내는 것처럼 느껴진다.

사바나개코원숭이의 아종들.
종과 아종의 경계가 분명하지 않다는 사실은 종의 기원을 둘러싸고 여러 가지 질문을 던져 준다. 사는 곳과 습성은 다르지만 같은 종으로 분류되는 사바나개코원숭이의 아종도 언젠가는 완전히 다른 종으로 분화될까? 노란개코원숭이 암수(위)와 망토개코원숭이 암수(아래).

망토개코원숭이의 변신

비비(狒狒)*는 종과 아종 사이의 이런 불분명한 경계선에 대해 다시 생각하게 해준다. 비비는 아프리카 대륙에서 가장 번성한 원숭이 종류라고 할 수 있다. 사막이나 열대 우림, 산악 지대 어디에서나 그들을 볼 수 있기 때문이다.

비비를 분류하는 방식에는 여러 가지가 있었지만, 지금까지 비비를 주로 연구해 온 루이스 배렛에 의하면 비비는 테로피테쿠스와 파피오의 두 속에 속한다. 테로피테쿠스 속에는 겔라다비비 한 종이, 파피오 속에는 사바나개코원숭이 한 종이 있다. 그런데 사바나개코원숭이는 다시 노란개코원숭이, 아누비스개코원숭이, 기니개코원숭이, 차크마개코원숭이, 그리고 망토개코원숭이의 다섯 아종으로 분류된다.

사바나개코원숭이의 다섯 아종은 처음에는 서로 다른 종으로 분류되었다. 모습이나 사는 곳, 습성 등이 매우 달랐기 때문이다. 하지만 모든 사바나개코원숭이들이 서로 짝짓기를 하고 새끼를 낳을 수 있다는 사실이 알려지면서 한 종의 다섯 아종으로 분류되었다.

하지만 이런 구분이 언제까지 지속될까? 언젠가 망토개코원숭이들이 괴상하게 생긴(?) 사바나개코원숭이들과의 짝짓기를 거부하지는 않을까? 아니면 사바나개코원숭이들이 별난 습성을 가진

* 포유류 긴꼬리원숭잇과의 동물들로, 개코원숭이라고도 한다.

망토개코원숭이들과의 짝짓기를 거부하게 될지도 모른다. 다른 비비들도 마찬가지이다. 서로 다른 아종의 비비들이 자유로이 오가면서 뒤섞이지 않고 따로 무리를 지어 사는 한 언젠가는 이런 일이 일어날 것이다. 다윈은 바로 이 점에 대해 이야기하고 있다.

> 나는 분류학자들의 흥미를 끌지 못하는 개체의 차이가, 우리에게 매우 중요한 것이며, 작은 변종으로 나아가는 첫걸음이라고 본다. 또한 좀 더 뚜렷하고 영속적인 변종은 더욱 현저하고 영속적인 변종으로 이끌어 주는 단계이며, 후자는 다시 아종, 나아가 종으로 이끌어 주는 단계라고 본다. …… 따라서 나는 현저한 변종은 초기 종으로 부를 수 있다고 믿는다.

그리고 다음과 같은 이야기로 『종의 기원』 2장의 마지막 부분을 정리하고 있다.

> 종들이 일찍이 변종으로 존재하다가 앞에서 말한 것처럼 시작되었다면, 우리는 이들이 닮은 이유를 분명히 이해할 수 있다. 하지만 각각의 종이 독립적으로 창조되었다면, 이렇게 닮은 이유를 설명할 길이 전혀 없다.

생물은 어떻게 진화하는가 5

다윈에게 종의 기원은 분명해 보였다. 개체의 차이에서 대수롭지 않은 변종이 나오며, 여기에서 더 뚜렷한 차이를 갖는 변종이, 다시 아종이, 그리고 마침내 종이 갈라져 나간다는 것이다. 다윈은 이 각각의 단계가 무지개의 스펙트럼처럼 연속성을 이루고 있음을 깨달았다. 무지개를 보고 어디에서 빨강이 끝나고 주황이 시작하는가, 어디가 초록과 파랑의 경계인가를 정할 수 없는 것처럼, 개체 변이와 변종, 아종, 종의 경계도 명확하지 않아 보였다. 3장 '생존 경쟁'이라는 주제로 들어가면서 다윈은 다시 질문을 던진다.

> 그것만으로는 자연계에서 종이 어떻게 생겨났는가를 이해할 수 없다. 그 유기적 조직체의 한 부분이 다른 부분이나 생활환경에 대해 나타내는, 그리고 하나의 생물체가 다른 생물체에 대해 나타내는 그 세련된 적응성은 어떻게 완성되었단 말인가?

얼어붙은 북극해를 어슬렁거리는 북극곰, 햇빛조차 들지 못하는 수백 미터 깊은 바다 속에서 스스로 빛을 내는 심해 아귀, 땅에 떨어져 썩어 가는 사과알 속에 우글거리는 작은 벌레들, 봄바람을 타고 사뿐히 날아오르는 민들레 씨, 어느 곳을 둘러보아도 생물들은 참으로 세련되게, 그리고 다양하게 자신의 처지(생태적 지위)에 적응해서 살고 있다.

가만히 살펴보노라면 생물들은 스스로 다양성을 추구하는 것 같다. 다양성이 생명의 본질이라고 선포하는 듯하다. 하지만 그 다양성 속에서 우리는 다시 유사성을 확인하게 된다.

생명의 다양성과 유사성

지구상의 생물 중에서 가장 다양한 종류는 딱정벌레이다. 사람의 눈에 띄어 기록된 것만 30만 종이 넘는다. 이는 지금까지 기록된 전체 생물 종의 5분의 1 정도로, 모든 생물 종을 한 줄로 세워 놓으면 다섯에 하나는 딱정벌레라는 이야기가 된다.*

딱정벌레는 종이 많은 만큼 다양한 모습을 보여 준다. 어떤 것들은 같은 딱정벌레 무리라는 사실이 믿기지 않을 정도로 다르다. 딱정벌레 중에서 가장 작은 것은 길이가 1밀리미터도 안 되지만, 가장 큰 것은 20센티미터에 이른다. 크기에서만 수백 배 차이가 나는 것이다.

하지만 쇠똥구리에서 반딧불이, 장수하늘소, 비단벌레, 바구미

* 자료에 따라 차이가 있지만, 지금까지 기록된 전체 생물 종은 140만에서 170만 종 정도이다. 하지만 지구상에는 이보다 훨씬 더 많은, 수천만에 이르는 생물 종이 존재한다고 추정된다. 지금도 많은 생물 종이 인류에게 발견되지도, 기록되지도 않은 채 멸종의 길을 걷고 있을지도 모른다.

를 막론하고 모든 딱정벌레를 만들기 위한 '기본 설계'는 같다. 머리 · 가슴 · 배의 세 부분으로 나뉜 몸, 6개의 다리, 두툼한 딱지날개와 그 속에 접혀 있는 뒷날개가 그것이다. 작곡가들이 하나의 주제에서 수많은 변주곡을 지어내듯, 그 기본 설계에서 수많은 딱정벌레가 탄생한다.

어릴 때부터 딱정벌레들에 가슴 떨리는 애정을 품어 온 다윈은 이런 다양성 속의 유사성을 똑똑히 볼 수 있었다. 모든 딱정벌레는 비슷한 것들끼리 묶을 수 있었다. 그리고 단계를 밟아 가면서 계속 비슷한 것들과 다른 것들을 구분할 수 있었다. 이는 비단 딱정벌레만의 일이 아니었다. 모든 곤충, 나아가 모든 생물이 마찬가지였다. 모든 생물의 종이 어떤 계열을 이루고 있는지 알려주는 듯했다.

다윈 이전의 진화론

모든 생물 종은 마치 한줄기에서 뻗어 나가 점점 더 많은 가지를 이룬 나무의 가지 끝에 달려 있는 것처럼 보였다.* 먼저 갈라져 나간 생물들은 더 큰 차이를 나타내고 나중에 갈라져 나가 바로 옆가지에 있는 생물들은 공통점이 많았다. 이는 생물들이 생겨난 과정과도 관계가 있다.

그 비밀을 눈치 채고 생물의 진화를 주장한 사람들은 다윈 이

* 이렇게 나타낸 것을 생물의 계통도, 또는 수형도(tree diagram)라고 한다.

전에도 많았다. 고대 그리스의 자연철학자 아낙시만드로스는 이미 수천 년 전에 생물의 진화 가능성을 점쳤다. 태초에 만물의 근원인 '무한의 것'에서 따뜻한 것과 차가운 것이 생겼고, 이것들이 땅 · 물 · 불 · 바람을 일으켰으며, 여기에서 별과 생물들이 생겨났다는 것이다. 그는 원시 생물이 점진적으로 변화해서 사람을 포함한 모든 생물이 되었다고 보았다. 그러나 아낙시만드로스의 진화론은 과학적인 체계를 갖춘 것은 아니었다.

과학으로서 진화론을 처음 주장한 사람은 라마르크였다. 라마르크의 진화론은 프랑스의 정치 상황을 배경으로 하고 있다. 1789년 프랑스 혁명 이후 18세기 말의 프랑스는 과학 연구의 중심지가 되었다. 곧 제위에 오를 나폴레옹 보나파르트는 새로운 프랑스가 정치 · 경제뿐만 아니라 과학 분야에서도 세계를 이끌어 나가야 한다고 여겼다.

1793년에는 국민의회의 포고에 따라 파리국립자연사박물관이 설립되었다. 라마르크는 이곳에서 무척추동물학 교수가 되었고, 퀴비에는 해부학 교수가 되었다. 그리고 두 사람은 곧 그 유명한 지적 대결을 벌이게 된다.

멸종이냐 진화냐

새로운 세기를 여는 1801년, 퀴비에는 화석에 대한 자신의 연구 결과를 종합해서 발표했다. 그 중심 내용은 지구가 한 차례, 또는 여러 차례의 격변 과정을 거쳤으며, 그 영향으로 뭍에 사는 포유류

프랑스의 박물학자 라마르크.
그는 진화론을 주장하며 당시 주류였던 퀴비에의 천변지이설에 맞섰다.

가 멸종하는 일이 일어났다는 것이었다. 여기에는 그 어떤 진화도, 한 종에서 다른 종으로의 점진적인 변화도 끼어들 수 없었다.

같은 해에 라마르크는 『무척추동물의 체계』를 발표했다. 이 책에서 그는 '자연의 계단'이라는 낡은 개념을 빌려 와 여기에 진화론적인 해석을 가했다. 자연의 계단이란 모든 동물이 계단으로 상징되는 일정한 위계질서 속에 배열되어 있다는 중세의 사고방식이다. 그 계단은 가장 비천한 벌레에서 신의 마지막 창조물인 사람에 이르기까지, 그리고 다시 천사들과 대천사에 이르기까지 점점 더 복잡하고 완전한 형태를 향해 길게 이어져 있었다.

라마르크는 이 개념을 변형시켰다. 생물의 종이 여러 세대에 걸쳐 '자연의 계단' 위를 몸부림치면서 꿈틀거리며 기어오른다는 것이다. 종은 시간의 흐름에 따라 완전성을 획득하면서 진화하는 것이었다. 라마르크는 이런 변화가 환경 조건에 적응하려고 애쓰는 동물들의 의지 때문에 일어난다고 보았다.

> 우리는 살아 있는 것은 무엇이든 그 조직과 형태가 눈에 띄지 않게 변화하고 있음을 믿어야 한다. …… 따라서 우리는 화석 상태로 발견된 모든 것들을 살아 있는 생물 종에서 발견할 수 있으리라고 기대해서는 안 된다. 또한 어떤 생물 종도 진정으로 사라졌거나 멸종했다고 볼 수 없다.*

*라마르크, 『무척추동물의 체계』에서

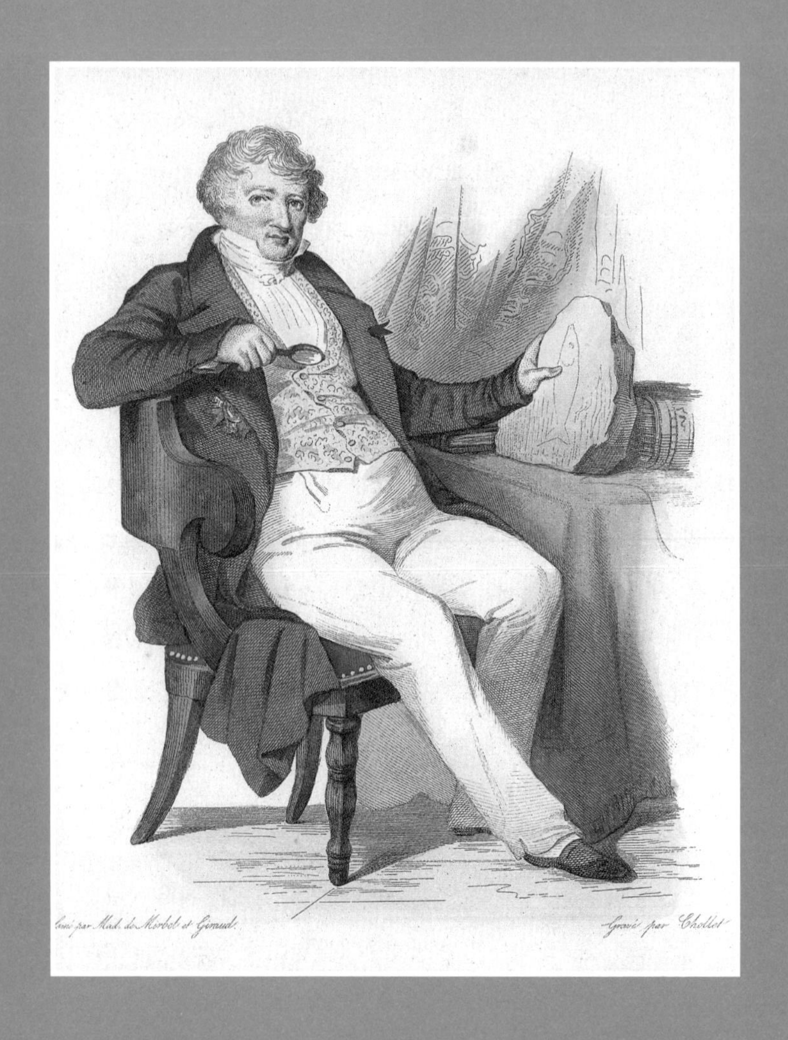

프랑스의 동물학자 퀴비에. 한손에 돋보기, 한손에 동물 화석을 쥐고 있다.
퀴비에는 여러 차례에 걸친 격심한 지각 변동에서 살아남은 것들이 세계에 널리 분포하게 되었다고 주장하였다. 당시에는 퀴비에의 이론이 지배적이었다.

이 같은 라마르크의 주장은 천변지이설에 대한 강력한 도전이었다. 퀴비에는 라마르크보다 훨씬 젊었지만 당시 박물학계의 권력자였다. 그의 천변지이설의 핵심은 동물의 멸종이다. 진화론을 부정하는 퀴비에로서는 화석 동물의 존재를 달리 설명할 길이 없었기 때문이다. 그런데 라마르크가 대놓고 멸종을 부정한 것이다.

두 사람은 첨예하게 대립했다. 여론은 야심만만하고 말 잘하는 멋쟁이 퀴비에의 편이었다. 프랑스의 이집트 원정군이 수천 년이나 된 고대의 피라미드에서 동물의 미라들을 갖고 돌아왔는데 그것들이 당시의 동물들과 똑같았다. 19세기 초에는 많은 사람들이 천지 창조가 수천 년 전에 일어났다고 믿었다. 따라서 수천 년 전의 생물이 그대로 있다는 것은 천지 창조 이래 생물이 전혀 변화하지 않았음을 뜻하는 것으로 생각되었다. 진화의 흔적은 어디에도 없었다.

기린의 기다란 목

하지만 라마르크는 전혀 동요하지 않았다. 그는 변화가 수천 년보다 훨씬 긴 시간에 걸쳐 매우 천천히 일어난다고 생각했다. 그리고 1809년에 『동물 철학』을 발표하면서 진화론을 더욱 정교하게 다듬었다.

"종은 변화한다. 세계가 변화하면서 새로운 도전과 새로운 환경을 던져 놓기 때문이다."

라마르크는 기린의 목을 예로 들어 자신의 이론을 설명했다.

"기린의 목도 오래전에는 말과 비슷한 정도의 길이였다. 기린들은 나뭇잎을 뜯으며 살았다. 하지만 언제부터인지 키 작은 나무의 잎만으로는 부족하게 되었다. 그래서 기린들은 좀 더 키가 큰 나무의 잎을 뜯기 위해 목을 길게 늘이기 시작했다. 그 결과 기린의 목이 조금 길어졌다. 목이 길어진 기린들은 목이 긴 새끼들을 낳았다. 그리고 그 새끼들은 더 높은 나뭇가지의 잎을 뜯으려고 목을 더 길게 늘였다. 이런 일이 되풀이되면서 매우 긴 목을 가진 현대의 기린이 나타났다."

매우 합리적이고 그럴듯해 보이는 설명이었다. 라마르크는 많은 동물을 꾸준히 연구함으로써 진화론에 과학의 옷을 입힐 수 있었다. 하지만 그가 앞 못 보는 가난한 노인으로 초라하게 삶을 마칠 때까지도 사람들은 그의 이론을 인정하지 않았다. 퀴비에의 이론보다 훨씬 더 진실에 가까웠지만 그의 적은 너무 강했다.

라마르크의 진화론은 흔히 용불용설이라고 한다. 자주 사용하는 기관은 발달하고 사용하지 않는 기관은 퇴화해서 없어진다고 주장해서이다. 이 이론은 최초의 과학적 진화론이라고 할 수 있지만 문제를 여럿 안고 있었다. 가장 문제가 되는 부분은 '획득 형질의 유전'이다. 그는 더 높은 곳에 닿고자 하는 기린의 의지가 변화를 일으켰고, 이렇게 얻은 변화가 어버이에서 자손으로 그대로 이어진다고 했다. 그러나 뒷날 밝혀진 바에 따르면, 생물이 살아가면서 얻은 특징(획득 형질)은 유전되지 않는다. 따라서 지금 라마르크의 진화론은 받아들여지지 않고 있다. 하지만 생물의 진화를 과학적으로 연구하고 설명하려 한 그의 노력만은 높이 평가해야 할 것이다.

기린의 긴 목, 또 하나의 설명

사람들은 흔히 라마르크는 획득 형질의 유전을 주장했으므로 틀렸고, 다윈은 획득 형질의 유전을 주장하지 않았으므로 맞았다고 알고 있다. 이는 사실이 아니다. 다윈도 획득 형질이 유전된다고 믿었기 때문이다. 하지만 다윈은 진화의 주된 추진력을 획득 형질의 유전이라고 보지 않았다. 그에게 중요한 것은 따로 있었다. 바로 생존 경쟁이었다.

> 내가 초기 종이라고 부른 변종은 어떻게 하여 마침내 제대로 된 뚜렷한 종으로 변하는 것일까? …… 이런 결과는 목숨을 건 투쟁에 따른 것이다. 이런 투쟁 때문에, 어떤 이유에서 생긴 아무리 사소한 변이일지라도, 어느 종 어느 개체에 이익이 되기만 하면 그 개체가 살아남는 데에 도움이 될 것이다. 그리고 그 자손은 그 변이를 물려받을 것이다. 따라서 그 자손도 생존할 가능성이 더 크다. 어떤 종이든 주기적으로 많은 개체들이 태어나지만 살아남는 것은 소수이기 때문이다.

다윈은 생존 경쟁을 통해서 아무리 사소한 것일지라도 유용한 변이는 대대로 보존된다고 주장했다. 그리고 그 원리에 '자연선택'이라는 이름을 붙였다. 그에게 자연선택은 인간의 선택과는 비교할 수 없을 만큼 큰 것으로, 언제든 작용할 수 있는 준비된 힘이었다. 이제 다윈 식으로 기린의 목이 길어진 연유를 설명해 보자.

"기린의 목도 오래전에는 말과 비슷한 정도의 길이인 경우가 많이 있었다. 하지만 그 중에서도 어떤 것들은 목이 더 길고 어떤 것들은 더 짧았다. 기린의 수가 늘어나면서 키 작은 나무의 잎만으로는 부족하게 되었다. 그래서 높은 나뭇가지의 잎을 뜯을 수 없는 목이 짧은 기린들은 살아남지 못했다. 목이 긴 기린들은 많은 수가 살아남았다. 목이 긴 기린들은 목이 긴 새끼들을 낳았다. 그 새끼들 중에서도 목이 더 긴 것들이 살아남아 목이 긴 새끼들을 낳았다. 이런 일이 되풀이되면서 매우 긴 목을 가진 현대의 기린이 나타났다."

다윈은 『종의 기원』 3장을 통해서 진화를 추진하는 힘, 즉 생존 경쟁의 다양한 얼굴을 상세하게 보여 주고 있다. 이제 다윈이 그려 놓은 생존 경쟁의 모습을 살펴보기로 하자.

자연계의 생존 경쟁은 피할 수 없다 6

만유인력의 법칙이 있다. 우주의 모든 물체 사이에는 서로 끌어당기는 힘이 있다는 원리이다. 다윈은 자연계에서 만유 생존 경쟁의 법칙을 보았다. 세상에 존재하는 모든 생명체는 살아남기 위해 처절한 경쟁을 벌인다는 것이다. 그에게는 그 원리를 진리로 받아들이는 것보다 쉬운 일은 없었다. 하지만 그것을 늘 마음에 새겨 두기란 쉬운 일이 아니다. 다윈은 이 점을 잘 알고 있었다.

> 우리는 자연의 얼굴이 기쁨에 빛나는 것을 본다. 그리고 이따금씩 먹을 것이 너무 많이 남아도는 것을 본다. 하지만 우리가 보지 못하는 것이 있다. 우리 주위에서 한가로이 지저귀는 새들은 대부분 곤충이나 씨앗을 먹고살기에, 끊임없이 다른 생명을 파괴하고 있다는 것이다. 또 포식자들이 노래하는 그 새들과 그 알, 새끼들을 얼마나 많이 잡아먹는지도 잊고 있다. 지금은 먹을 것이 남아돌 수도 있지만, 돌아오는 해마다 그렇지는 못하리라는 것을 늘 염두에 두지도 않는다.

민들레의 투쟁

오늘날 경쟁, 경쟁력만큼 큰 힘을 떨치고 있는 낱말도 없을 것이다. 어느 분야에서나 '경쟁력 강화'를 지상 과제로 삼고 있기 때문이다. 경쟁 자체를 문제 삼을 수는 없다. 그 과정이 공명정대하다면 더욱 그렇다.

하지만 '무엇을 위한 경쟁인가'를 의심하는 태도는 필요하다. 그리고 이른바 '무한 경쟁'의 시대에, 그 경쟁의 지향점이 인류의 행복한 삶이나 자연환경의 보존 같은 절대적인 가치로 이어지지 않는다고 생각하는 사람들은 경쟁이라는 말 자체에 혐오감을 느끼기도 한다. 그런 사람들은 다윈을 적자생존, 생존 경쟁만을 주장한 냉담한 사람이라고 느낄지도 모른다. 하지만 『종의 기원』 3장을 차분히 읽고 나면 그런 오해는 쉽게 풀린다.

우리가 흔히 생존 경쟁이라고 번역하는 구절은 'Struggle for Existence(또는 Life)'이다. 단어의 뜻을 온전히 살리면 '생존을 위한 투쟁'이라고 할 수 있다. '경쟁'이라고 하면 서로 비슷한 것들끼리 앞서거니 뒤서거니 하면서 이기려고 다투는 모습이 떠오른다. 하지만 다윈이 말한 '생존을 위한 투쟁'은 이보다 훨씬 넓은 의미가 있었다. 다른 나무의 그늘을 벗어나기 위해 위로만 자라다가 한참 나중에야 옆으로 가지를 뻗는 졸참나무의 노력도, 뿌리를 깊이 뻗어 내려 부족한 물을 빨아올리려는 민들레의 싸움도 모두 다윈이 말한 투쟁의 사례에 든다.

내가 생존 경쟁이라는 말을 얼마나 넓은 의미로, 은유적으로 사용하고 있는지부터 밝혀 두어야겠다. 거기에는 어떤 생물이 다른 생물에 의존하는 일, 한 개체가 생명을 유지하는 일은 물론 자손을 남기는 일(이것은 더 중요한 일이다)까지 포함된다. 굶주린 들개 두 마리가 먹이를 얻고 살아남기 위해 서로 경쟁한다는 것은 지당한 말이다. 하지만 사막 가장자리에 살고 있는 한 그루 식물도 살아남기 위해서 건조한 기후와 투쟁한다고 말할 수 있다. 수분에 의존하고 있다는 표현이 더 적절할 테지만. 해마다 천 개의 씨앗을 만들지만 그 중에서 평균 1개만 온전히 자라는 식물은 이미 땅을 덮고 있는 같은 종류, 다른 종류의 식물들과 투쟁하고 있다고 할 수 있다. 겨우살이는 사과나무 등의 나무에 의존해서 산다. 하지만 겨우살이는 그 나무들과 투쟁한다고도 할 수 있다. 겨우살이가 너무 많이 붙어사는 나무는 시들어 버릴 것이기 때문이다. 같은 가지에 총총히 붙어서 돋아난 어린 겨우살이들도 서로 투쟁하고 있다고 할 수 있다. 겨우살이의 씨는 새들이 퍼뜨려 준다. 따라서 겨우살이의 생존은 새들에 의존한다고도 할 수 있다. …… 이런 여러 가지 의미를 뭉뚱그려 생존 경쟁이라는 말을 사용하는 것이다.

기하급수적 증가의 원리

"생존 경쟁을 피할 수는 없는가?" 다윈은 이 물음에 단호히 대답한다. "생존 경쟁은 피할 수 없다."고. 그 이유를 들어 보자.

겨우살이. 겨우살이는 사과나무나 참나무에 의존해서 산다.
그러나 생존을 위해 이 나무들과 투쟁한다고도 할 수 있다.

모든 생물은 빠르게 증가하는 경향이 있으므로 생존 경쟁이 일어날 수밖에 없다. 살아 있는 동안 여러 개의 알이나 씨앗을 만드는 생물들은 모두, 때가 되면 파괴되어야 한다. 그렇지 않으면 기하급수적 증가의 원리에 따라 그 생물의 수가 급속히 비정상적으로 불어날 것이다. 그러면 어떤 곳에서도 그들을 돌볼 수가 없다. 이렇듯 살아남을 수 있는 것보다 많은 개체가 생겨나기 때문에, 모든 생물은 같은 종의 개체나 다른 종의 개체들에 대해, 그리고 물리적 생활환경에 대해 생존 경쟁을 벌일 수밖에 없다. 이는 맬서스의 이론을 전체 동물과 식물계에 적용한 것이다. 이 경우에는 인위적인 식량 증산이나 산아 제한이 있을 수 없기 때문이다.

사람의 경우에는 식량 증산이나 산아 제한의 방법으로 인구 증가에 대처할 수 있지만, 전체 동식물에 대해서는 이런 방법이 없다는 뜻이다. 물론 개체의 수가 기하급수적으로 증가하는 것은 사람의 경우도 예외가 아니다.

번식이 더딘 인간조차 25년이면 그 수가 배로 늘어난다. 이런 비율대로라면 수천 년 내에 그 후손들은 딛고 설 땅도 없을 것이다. 린네가 계산한 바에 따르면, 어떤 1년생 식물이 단 2개의 씨앗만 만들고 (실제로 이렇게 비생산적인 식물은 없지만) 이듬해에 그 싹이 자라서 생긴 식물이 또 2개의 씨앗을 만들고 하는 일이 계속된다면 20년 후에는 모두 100만 그루가 된다고 한다.

토끼 떼의 비극

문제를 조금 단순화해서 생각해 보자. 호랑이, 늑대, 곰, 여우, 너구리, 삵, 올빼미 같은 포식자가 한 마리도 없는 섬에 토끼 몇 마리를 풀어놓았다고 가정하면 어떤 일이 벌어질까?

토끼는 1년에도 몇 번씩 새끼를 낳으므로 매우 빠른 속도로 번식한다. 포식자가 없으니 토끼들은 금세 기하급수적으로 늘어날 것이다. 애초에 그 섬에 아무리 좋은 풀이 무성했다고 해도 끊임없이 늘어나는 토끼 떼를 먹여 살릴 수는 없다. 토끼들은 섬에 있는 풀을 모조리 먹어 치우고 결국 하나둘 죽음을 맞기 시작할 것이다. 수많은 토끼들이 풀뿌리까지 모조리 먹어 치운다면 그들은 한 마리도 남김 없이 떼죽음을 당할 수도 있다.

이렇듯 토끼들의 생존을 위해서라도 포식자는 필요하다. 결국 자연계의 생존 경쟁은 불가피하다는 것이다. 생존 경쟁은 존재하는 것일 뿐, 좋다거나 나쁘다는 식으로 말할 것이 아니다. 다윈은 모든 생물이 만유 생존 경쟁을 기꺼이 껴안고 있음을 보았다.

> 어떤 동물이 알이나 어린 새끼를 보호할 수만 있다면 적은 자손을 낳아도 된다. 그래도 평균적인 개체 수가 그대로 유지될 테니까. 하지만 많은 수의 알이나 새끼가 죽음을 당한다면 많이 낳아야 한다. 그렇지 않으면 그들은 멸종할 것이다. …… 결국 어떤 경우든, 알이나 씨앗의 수는 동식물의 평균 개체 수에 직접적인 영향을 미치지 못한다. ……

'자연'을 관찰할 때에는 항상 명심해야 한다. 우리 주위의 모든 생물은 그 수를 늘리기 위해 온갖 노력을 다하고 있으며, 각각의 생물은 일생의 어느 시기에든 경쟁을 함으로써 생존한다는 것이다.

수풀 속에서 발견하는 생존 경쟁의 역사

생물의 개체 수에 직접적인 영향을 미치는 것은, 알이나 씨의 수가 아니라 생존 경쟁에 관여하는 여러 가지 방해 요인이다. 다윈은 그 요인을 잡아먹히는 일, 제한된 먹이, 기후, 전염병 등으로 보았다. 그는 다양한 관찰을 통해서 모든 생물이 이런 여러 가지 제한 요인과 관련된 생존 경쟁 속에서 매우 복잡한 관계로 얽혀 있음을 깨달았다.

어떤 생물이든 일생의 서로 다른 시기에 다양한 방해 요인들이 작용할 수 있다. 대개는 한두 가지 방해 요인이 가장 중요하지만, 모든 방해 요인이 함께 작용해서 평균 개체 수, 또는 종의 생존을 결정하게 된다. …… 우리는 활처럼 굽은 강변을 뒤덮은 수풀을 보고 그 식물들의 종류와 수가 우연히 결정되었다고 보기 쉽다. 하지만 이는 전혀 잘못된 생각이다. …… 해마다 수천 개의 씨를 퍼뜨리는 나무들 사이에는 수백 년 동안 얼마나 대단한 투쟁이 벌어졌을까! 곤충과 곤충(또는 달팽이나 다른 동물들) 사이에는 또 얼마나 많은 전쟁이 벌어졌을까! …… 깃털을 한 움큼 던져 보라. 모두 일정한 법칙에 따라 땅에 떨어질 것이다. 그러나 몇 세기에 걸쳐, 지금 고대 인디언의 유적에서 자라는 나무의 수와 종류를 결정해 온 수없이 많은 동물과 식물들의 작용과 반작용에 비한다면 이 얼마나 단순한가!

가장 치열한 생존 경쟁

다윈은 이렇듯 복잡하게 뒤얽힌 수많은 동식물 사이의 작용과 반작용 중에서도 가장 치열한 것으로 비슷한 것들끼리의 생존 경쟁을 꼽았다. 같은 종에 속하는 개체들, 또는 변종들 사이에 생존 경쟁이 가장 심했던 것이다.

기생충과 숙주의 관계처럼, 어떤 생물이 다른 생물에 의존하는 일은 대체로 자연의 계단에서 서로 멀리 떨어져 있는 것 사이에서 볼 수 있다. …… 그러나 생존 경쟁은 같은 종의 개체들 사이에서 가장 극심할 것이다. 왜냐하면 그들은 같은 곳에 살고, 같은 먹이를 필요로 하며, 같은 위험에 놓여 있기 때문이다. 같은 종의 변종 사이에서도 마찬가지로 치열한 생존 경쟁이 벌어질 것이다. 때때로 우리는 금방 그 결말을 확인하게 된다. 예를 들어, 여러 변종의 밀을 함께 뿌리고 거기에서 얻은 씨를 섞어서 다시 뿌린다고 하자. 그러면 그곳의 흙이나 기후에 가장 잘 맞거나 번식력이 좋은 변종이 다른 것들을 제치고 많은 씨앗을 남긴다. 그 결과 몇 년 안에 다른 변종들을 몰아내게 된다.

다윈은 한 걸음 더 나아가, 같은 속(屬)에 속한 생물들 사이에서도 비교적 치열한 생존 경쟁이 벌어지고 있다고 보았다. 같은 종의 경쟁만큼 절대적이지는 않지만, 같은 속의 생물들은 비슷한 습성과 체질, 구조를 갖기 때문에 심한 생존 경쟁을 한다는 것이다.

위로의 말

"자연계의 생존 경쟁은 피할 수 없다. 서로 비슷한 생물들 사이에서 가장 치열한 생존 경쟁이 일어난다."

3장의 내용을 이렇게 정리하고 보면 무시무시한 느낌이 들지도 모르겠다. 우리는 자연계의 법칙을 인간 사회에 그대로 대입하려는 습관을 갖고 있다. 그래서 더욱 그렇게 느껴질는지도 모른다.

하지만 다윈이 말한 생존 경쟁, 생존을 위한 투쟁에는 일반적인 시각과 달리 넓은 의미가 있다. 그 속에는 건조한 기후에 맞서 싸우는 선인장의 생명력, 깊이 뿌리를 내리는 민들레의 투쟁까지 포함되어 있었다. 그리고 포식자를 잃은 토끼들에게 닥쳐올 수 있는 비극을 다시 한 번 떠올려 보자. 그러면 토끼들이 여우나 너구리를 피해서 도망치는 자연스러운 생존 경쟁의 상황이 오히려 자연스럽고 정답게 느껴진다. 이제 생존 경쟁에 따뜻한 눈길을 보낼 수도 있지 않을까?

다윈은 끝까지 따뜻함을 잃지 않았다. 그리고 3장을 다음과 같은 위로의 말로 맺고 있다.

우리가 할 수 있는 것은 다음 사실을 명심해 두는 일뿐이다. 각각의 생물은 기하급수적으로 증가하려고 애쓰고 있으며, 저마다 일생의 어떤 시기에는 생존을 위해 투쟁해야 하고 죽어야만 한다는 것이다. 이 투쟁을 곰곰이 되새기면서 우리는 스스로를 위로할 수도 있다. 자연계의 전쟁은 끊임없이 일어나는 것도 아니고, 어떤 두려움이 느껴지는 것도 아니며, 죽음은 대개 순식간에 닥쳐온다는, 그리고 활력 있고 건강하고 운이 좋은 것들이 살아남아 번식한다고 하는 충만한 믿음이 있다면.

7 인간의 선택, 자연의 선택, 우연의 선택

옛날 옛적 아크티카 섬에 곰 세 마리가 살고 있었다. 한 마리는 흰곰, 한 마리는 검은곰, 한 마리는 갈색곰이었다. 아크티카 섬에는 따뜻한 날씨가 계속되어 1년 내내 많은 꽃들이 피어나고 있었다. 곰 세 마리는 지천으로 널린 꿀벌의 집을 뒤져 맛있는 꿀을 퍼먹으면서 단조롭지만 평화로운 나날을 보내고 있었다.

그러던 어느 날 지각 변동이 일어나면서 아크티카 섬이 서서히 움직이기 시작했다. 섬은 계속 북쪽으로 이동하더니 결국 차디차게 얼어붙은 북극 지방에 이르렀다. 아크티카 섬의 모든 것이 얼어붙기 시작했다. 이제 세 마리 곰의 운명은 어떻게 될까?

'뻔한 이야기'라는 생각이 들지도 모르겠다. 세 마리 중에서 흰곰만 살아남을 거라는 생각에서이다. 그리고 흰곰만 살아남는 이유가 무엇이냐고 물으면, "하얀 얼음으로 덮인 북극에서 몸을 숨기기 쉬우므로 그곳의 환경에 적응해 살아남을 수 있기 때문"이라고 답할 것이다.

하지만 잠시 생각해 보자. 북극곰이 몸을 숨겨야 할 까닭이 있을까? 북극곰은 먹이사슬에서 가장 높은 위치에 있다. 천적이 없다는 뜻이다. 굳이 북극곰의 천적을 찾자면 북극곰 자신이라고 할 수 있다. 북극곰의 수컷은 어린 새끼들을 잡아먹기 때문이다. 하지만 같은 종을 천적이라고 하지는 않는다.

따라서 천적으로부터 몸을 보호하기 위해 흰색 털을 가질 필요도 없다. 오히려 추운 곳에 사는 북극곰에게는 검은 털이 훨씬 유리하다. 검은색은 햇빛을 많이 흡수하기 때문이다.

곰 세 마리의 운명

사실 북극곰의 털 빛깔은 다윈의 진화론을 공격하는 근거가 되곤 했다. 추운 곳에 살고 몸을 숨길 필요도 없는 북극곰은 검은색이어야 마땅하다는 주장이다. 그러나 조금만 생각해 보면 그렇지 않다는 것을 알 수 있다. 먹이가 되는 동물만 몸을 숨겨야 하는 것은 아니기 때문이다. 북극곰은 바다표범, 물고기, 바닷새, 순록 등을 사냥해서 먹고사는데 사냥꾼도 사냥감 눈에 띄지 않는 편이 유리하다. 북극곰이 검은색이라면, 그래서 눈에 잘 띄게 된다면 눈치 빠른 바다표범은 한 마리도 잡지 못할 것이다.

이제 다시 처음 질문으로 돌아가자. 곰 세 마리의 운명은 역시 흰곰의 편일까? 현재의 북극곰이 흰색으로 진화한 것은 검은 털을 지녀서 체온을 유지할 때의 이점에 비해 흰 털을 지녀서 사냥을 잘할 때의 이점이 더 컸기 때문이다. 하지만 따뜻한 곳에 살던 곰 세 마리에게는 체온 유지가 가장 중요한 문제일 수도 있다. 그렇다면 검은곰이 살아남는다는 이야기로군. 아니, 털가죽과 피하 지방이

제일 두툼한 곰이 살아남는다고 해야 할까?

이제 눈치 챘을지 모르지만, 정답은 "아무도 모른다."는 것이다. 북극 지방의 환경도 여름의 환경과 겨울의 환경이 사뭇 다르다. 도착한 곳에 어떤 먹이가 많은가 하는 점도 변수이다. 그들 모두 살아남을 수도, 모두 죽을 수도 있다. 갑자기 머리 위로 운석이 떨어져 흰곰도, 검은곰도, 털가죽이 두꺼운 곰도, 힘센 곰도 아닌 운 좋은 곰이 살아남을 수도 있다.

진화 사건의 주인공, 시간

진화를 둘러싼 상황은 이렇듯 매우 복잡하다. 복잡하게 뒤얽힌 자연환경은 물론, 우연도 커다란 몫을 하고 있다. 그리고 그 사건의 주인공이 긴 시간이라는 것은 말할 필요도 없다. 다윈은 이 점을 잘 알고 있었다. 그래서 4장 '자연선택'에서 이렇게 묻고 있다. 짧은 시간에 일어나는 인위 선택이 사실이라면 오랜 세월에 걸쳐 자연선택이 일어나지 않을 이유가 무엇인가 하고.

> 생존 경쟁은 변이에 어떤 작용을 할까? 우리는 인간의 선택이 매우 강력한 영향력을 미친다는 것을 이미 알고 있다. 그 선택의 원리는 자연계에도 그대로 적용될까? 그럴 것이다. 기르는 생물과 자연 상태의 생물들이 얼마나 많은 별난 특질들을 나타내는지, 그리고 유전하는 경향이 얼마나 큰지 새겨 둘 필요가 있다. 기르는 동식물의 모든 구조는 어느 정도 모양을 잡을 수가 있다. …… 인간에게 유용한

변이가 일어난다는 것은 분명한 사실이다. 그런데도 수천 세대 동안 거대하고 복잡한 생존 경쟁에 놓인 생물들에게 이따금씩 어떤 유용한 변이가 일어날 수 없다는 것인가? 이런 일이 일어난다면, 아무리 사소한 것일지라도 어떤 유리한 점을 가진 개체는 살아남아 자손을 남길 가능성이 가장 클 것이다(살아남을 수 있는 것보다 훨씬 더 많은 개체가 태어난다는 것을 잊지 말아야 한다). 한편, 아무리 사소한 것일지라도 해로운 변이는 엄중히 제거될 것이다. 나는 이렇게 이로운 변이는 보존되고 해로운 변이는 배제되는 일을 가리켜 '자연선택'이라고 부른다.

자연선택의 압력

현대의 과학자들은 나무의 나이테, 꽃가루, 해저의 퇴적물, 극지방의 만년빙 속에 갇힌 기포 등을 조사함으로써 과거의 기후를 확인할 수 있었다. 그 결과 우리는 지구가, 그리고 지구상의 생물들이 지금까지 커다란 기후 변화를 겪어 왔다는 사실을 알게 되었다. 이렇듯 우리를 둘러싼 자연환경은 계속 변화하고 있다. 자연선택은 자연환경의 변화가 클 때 가장 극적인 양상을 나타낼 것이다. 자연선택의 압력이 크기 때문이다. 다윈은 이 점에 주목했다.

어떤 물리적인 변화(예컨대 기후 변화)가 일어나고 있는 지역을 예로 들면 자연선택의 경과를 가장 잘 이해할 수 있을 것이다. 이런 지역에 서식하는 동식물의 상대적인 개체 수는 거의 즉시 변화하고 몇몇 종은 멸종할 수도 있다. 모든 지역의 생물들은 서로 긴밀하고 복잡한 관계를 맺고 있다는 것을 생각할 때, 몇몇 생물의 수적인 비율에 생긴 변화는 기후 변화와는 별도로 다른 많은 것들에 심대한 영향을 주리라는 결론을 얻을 수 있다.

다윈과 유전자 돌연변이

그렇다면 커다란 환경 변화가 있을 때에만 자연선택의 힘이 작용하는 것일까? 그렇지 않아 보였다. 그 이유를 이야기하기 전에 다윈은 다시 한 번 인위 선택과 자연선택을 비교하고 있다.

사람들이 개체간의 차이를 일정한 방향으로 축적해서 커다란 결과를 낳듯이, '자연'도 그렇게 할 수 있었을 것이다. 게다가 자연은 그 일을 훨씬 더 쉽게 할 수 있었을 것이다. 자연의 수중에는 비교를 허락하지 않을 정도로 긴 시간이 있었으니 말이다. 나는 자연선택을 위해서 어떤 기후 변화 같은 커다란 물리적 변화나 이주를 방해하는 예외적인 격리가 반드시 필요하다고는 생각지 않는다. 일정한 지역에 서식하는 모든 생물은 정교하게 균형 잡힌 힘을 바탕으로 함께 투쟁하고 있다. 따라서 어느 한 생물의 구조나 습성에서 극히 사소한 변화가 나타나도, 그것이 다른 생물들에 대한 이점으로 작용할 수 있다. 같은 종류의 변화가 더욱 진행되면 그 이점은 더욱 커질 것이다. 모든 토착 생물이 서로에 대해, 물리적 생활환경에 대해 흠잡을 데 없이 완벽하게 적응해 있는 지역은 없다고 생각된다. 지금까지 어느 지역에서나 토착 생물이 귀화 생물에 정복되고, 외래종이 새로운 곳에 단단히 뿌리내리는 일이 있어 왔기 때문이다.

이 글에서처럼 다윈은 오랜 시간에 걸쳐 일어나는 매우 느린 변화에 의해 진화가 일어난다는 입장을 꾸준히 밝히고 있다. 그는 돌연변이에 의한 급박한 진화의 가능성에 눈뜰 수 없었다. 돌연변이라든가, 돌연변이를 이해하는 조건이 될 수 있는 유전 현상과 유전자에 대한 이해가 성숙한 것은 20세기 초의 일이었기 때문이다.(이 주제에 대해서는 10장 '다윈이 멘델을 만났다면'을 참고할 것).

하지만 어찌 보면 다윈의 이론은 이미 돌연변이의 개념을 내포하고 있었다고도 할 수 있다. 다윈이 이야기한 '극히 사소한 변화'를 현대 과학의 입을 빌려 말하자면, 시간의 흐름에 따라 일정하게 나타나는 '유전자 돌연변이'라고 할 수 있기 때문이다. 유전자 돌연변이는 유전자를 이루는 DNA 구조의 변화 때문에 일어나는데, 자연 상태에서도 100만 번의 DNA 복제가 이루어질 때마다 한 번 정도의 비율로 일어난다. 이름에서 알 수 있듯이 유전자 돌연변이는 대대로 유전되고, 다윈이 말하는 매우 느린 변화를 통해 일어나는 진화의 재료가 된다.

늑대와 꽃

다윈은 자연선택이 어떻게 작용하는가를 설명하기 위해 몇 가지 예를 들고 있다. 물론 긴 시일이 걸리는 자연선택의 과정을 직접

목격하고 기록할 수는 없었으므로 상상 속의 예를 든 데에 불과하지만, 그 상황이 눈에 보이는 듯 정교하게 그려져 있다.

내가 생각하는 자연선택이 어떻게 작용하는가를 명확히 하기 위해서는, 한두 가지 가상의 예를 들어야 할 것 같다. 우선 늑대를 예로 들어 보자. 늑대는 다양한 동물을 잡아먹는다. 그 사냥감들 중 일부는 교묘한 꾀로, 일부는 강한 힘으로, 일부는 빠른 발로 제 몸을 지킨다. 그런데 늑대가 먹을 것을 쉽게 구할 수 없는 계절에 어떤 환경 변화가 일어나서 사슴처럼 빠른 발을 무기로 하는 사냥감이 수를 늘렸다거나, 아니면 다른 사냥감의 수가 줄어들었다고 상상해 보자. 이런 사정이라면, 가장 민첩하고 호리호리한 늑대들이 살아남아 선택될 가능성이 가장 높다고 할 수밖에 없다(이들이 다른 동물들을 잡아먹어야 할 때에는 그들을 제압할 수 있다는 가정하에). ……

이번에는 좀 더 복잡한 예를 들어 보자. 어떤 식물들은 달콤한 즙을 분비한다. …… 몇몇 콩과 식물의 경우에는 턱잎*이 나온 부분의 꿀샘에서 이런 단물이 분비된다. 또 월계수 잎의 뒷면에서도 같은 일이 일어난다. 양은 비록 적지만 곤충들은 이 단물을 매우 좋아한다. 이번에는 이런 단물이 꽃잎 안쪽의 밑 부분에서 분비된다고 생각해 보자. 그러면 곤충들은 온몸에 꽃가루를 묻힌 채 단물을 찾아다니면서 이 꽃 저 꽃의 암술머리에 꽃가루를 실어 나를 것이다. 이런 식으

*보통 쌍떡잎식물의 잎에서 볼 수 있는 것으로서, 잎자루 기부에 있는 한 쌍의 작은 잎을 말한다.

로 같은 종에 속하는 두 송이 꽃이 교배된다. 교배 작용은 매우 튼튼한 새싹을 낳는 것으로 알려져 있다. 따라서 이런 새싹은 살아남아 번성할 가능성이 가장 크다고 할 수 있다. 그리고 이런 것들 중에는 단물을 분비하는 능력을 물려받은 것들이 있을 것이다. 가장 큰 꿀샘이 있어서 단물을 많이 분비하는 꽃에는 곤충들이 가장 자주 드나들 것이다. 그러면 이런 꽃들이 가장 자주 교배되고, 오랜 시간이 흐른 뒤에는 우세하게 될 것이다.

자연선택과 신성

다윈이 『종의 기원』을 발표한 뒤 사람들은 다윈이 자연선택을 신성(神性)과 같은 것으로 보고 있다고 비판했다. 이런 비판에 대해 다윈은 중력이 행성의 운동을 지배한다고 표현하듯, '자연'에 인격을 부여하는 것은 불가피한 일이었다고 토로하고 있다. 그의 자연은 수많은 자연법칙의 산물이자 그 총체적인 작용을 의미하는 것이었다. 그리고 자연은 인간이 이룬 일들을 초라하게 만들어 버리는 놀라운 힘을 갖고 있었다. 다윈은 이 세상에서 자연선택으로밖에 설명할 수 없는 수많은 것들을 보았다.

자연선택은 지극히 작은 유전적 변화를 보존하고 축적함으로써만 작용할 수 있다. 그 변화는 물론 살아남은 생물들에게 이익이 되는 것이다. 현대의 지질학은 거대한 골짜기가 단 한 번의 홍수에 의한 물살로 생겨났다는 견해를 추방해 버렸다. 이와 마찬가지로 만일 자연선택이 참된 원리라면, 그것은 새로운 생물이 되풀이해서 창조되었다는 믿음*이나 생물의 구조가 커다랗고 급격한 변화**를 일으켜 왔다는 신념을 추방하고 말 것이다.

*천변지이설의 주장을 말한다.

**여기에서 생물의 구조가 급격한 변화를 일으켰다는 것은 자연선택설 이후에 제기된 돌연변이설이나 단속평형설의 주장과 같은 것으로 볼 수 있다(단속평형설에 대해서는 이 책 16장 '수만 년, 그 길고도 짧은 시간' 참고). 다윈은 천변지이설에 맞서 자연선택에 따른 진화를 주장하면서 점진성을 강조할 수밖에 없었다. 따라서 돌연변이나 생물상의 급격한 변화 가능성은 거의 염두에 두지 않았다. 하지만 현대의 진화론은 이 모든 가능성을 열어 놓고 있다.

이성의 선택, 자웅 선택 8

'이상형'이 어떻다는 말들을 많이 한다. 바람직한 결혼이나 연애 상대를 가리킬 때 하는 말이다. 사람마다 좋아하는 색깔, 좋아하는 음식, 좋아하는 영화가 제각각이듯 좋아하는 이성의 특징도 다르다. 하지만 많은 사람이 좋아하는 이성의 공통적인 특징도 분명히 있을 것이다. 예를 들어 보자.

두 남자가 있다. 첫 번째 남자는 태권도 5단, 검도 5단, 유도 5단에 활은 물론 권총 · 장총까지 백발백중이다. 힘은 천하장사라서 바위를 번쩍 들어올려 던질 수도 있다. 한 번 잠수하면 30분은 기본이고 수달처럼 능숙하게 헤엄칠 수 있다. 멀리뛰기, 암벽 타기를 잘하는 것은 물론이다. 시력, 청력, 후각도 보통 사람들보다 2배는 발달해 있다. 게다가 풀뿌리만 먹고도 몇 달씩 버틸 수 있다. 하지만 성격이 조금(?) 급해서 화가 나면 물건은 물론 사람까지 내던져 버린다.

또 다른 남자가 있다. 운동은 어릴 때 태권도장에서 1품까지 딴 것이 고작이고 총은 잡아 보지도 못했다. 수영은 수영장에서 자유형으로 서너 바퀴 도는 정도이고 잠수는 1분도 못 채운다. 힘은 보통 정도이고 두 끼만 걸러도 배가 고파 견디지 못한다. 하지만 성격이 좋고 예의 바르고 친절해서 주위 사람들과 잘 어울린다. 피아노 연주는 전문 연주자 수준이다.

이 두 남자 중 어떤 사람이 더 많은 여성에게 매력적으로 보일까? 첫 번째 남자는 어떤 생존 경쟁 상황에서도 살아남을 사람으로 보인다. 두 번째 남자는 아무래도 첫째 남자를 당할 수가 없을 것 같다. 하지만 많은 여성은 결혼 상대를 고를 때 성격이 거친 괴력의 남자보다는 힘이 세지는 않더라도 다정한 남자를 원할 것이다.

이제 앞의 이야기에 나온 모든 '남자'를 '여자'로 바꿔서 읽어 보자. 그 두 여자 가운데 어떤 여자가 많은 남성에게 매력적으로 보일까? 아마 남성들도 대부분 힘이 세지는 않더라도 다정한 여자와 결혼하고 싶을 것이다.

자웅 선택

너무 극단적인 예라는 생각이 들지도 모르겠다. 그러나 이런 이야기를 통해 전달하고자 하는 것은 이성에게 매력적으로 보이는 특징과 생존에 유리한 특징이 항상 일치하는 것은 아니라는 점이다. 물론 그 두 가지 특징이 겹치는 경우도 있지만 늘 그런 것은 아니다. 사람은 물론, 동물의 경우에도 마찬가지이다.

다윈은 진화의 수레바퀴를 돌리는 힘은 자연환경의 선택에서만 나오는 것이 아니라는 사실을 알고 있었다. 동물의 경우에는 배우자를 얻는 데 유리한 특징도 선택되어 진화 과정에 영향을 미치기 때문이다. 다윈은 이렇게 이성에게 선택 대상이 되는 형질이 차차 발달하는 일을 일컬어 '자웅 선택'이라고 했다. 자웅이란 암컷과 수컷을 가리킨다. 자웅 선택은 같은 생물 종의 암컷 또는 수컷이 어떤 특별한 성질, 곧 어떤 성적인 특징을 갖느냐와 관련이 있다.

> 기르는 생물의 경우 어느 한쪽 성에만 특별한 성질이 나타나서 그 성에만 대대로 유전되는 일이 종종 일어난다. 자연 상태에서도 같은 일이 일어날 것이다. 그렇다면 자연선택의 작용으로 다른 성과의 기능적 관계 속에서 한쪽 성이 변화를 나타낼 수도 있다. …… 이 일은 내가 '자웅 선택'이라고 부르는 것과 관련이 있다.

다윈은 이렇듯 자웅 선택을 자연선택의 한 부분으로 보았다. 하지만 자웅 선택은 생존 경쟁에 의해서가 아니라, 자손 남기기 경쟁에 의해서 진행되고 있다. 사람의 경우에는 남성과 여성 모두 배우자를 선택하는 것이 보통이다. 하지만 동물의 경우에는 암수 중 어느 한쪽에만 배우자 선택권이 있는 경우가 많다. 이런 경우 자기 혼자 살아남는 것, 즉 생존 경쟁에 이기는 것만으로는 진화 과정에 영향을 미칠 수 없다. 살아남기도 해야 하지만 자손도 남겨야 하는 것이다.

자웅 선택은 생존 경쟁에 의한 것이 아니라, 수컷들 사이에서 암컷을 차지하기 위해 벌이는 경쟁과 관계가 있다. 이 경쟁의 결과는 패배자가 죽는 것이 아니라, 자손을 조금만 남기거나 전혀 남기지 못하는 것으로 나타난다. 따라서 자웅 선택은 자연선택에 비해 덜 엄격하다고 할 수 있다. 보통은 가장 강건한 수컷, 다시 말해 일정한 자연환경 속에서 가장 잘 적응한 수컷이 가장 많은 자손을 남긴다. 하지만 일반적인 활력에 의해서가 아니라 수컷만이 갖고 있는 특수한 무기에 의해 승리가 결정되는 경우도 많다. 예를 들어 뿔이 없는 수사슴이나 며느리발톱*이 없는 수탉은 자손을 남기기 어려울 것이다. 자웅 선택은 언제나 승리자에게만 번식을 허용함으로써 불굴의 투지, 긴 며느리발톱, 상대를 공격하는 힘센 날개를 발달시킬 것이다. 이는 비정한 투계꾼이 가장 우수한 수탉을 신중히 선택함으로써 혈통을 개량하는 것과 마찬가지이다.

얼마나 낮은 단계에 이르기까지 이런 경쟁이 일어나는지는 알 수 없지만, 다윈이 보기에 여러 동물들에게서 자웅 선택이 일어나는 것은 분명한 사실이었다. 그는 계속해서 자웅 선택의 몇 가지 사례를 들고 있다. 인디언들이 전투 무용을 할 때처럼 춤추며 싸우는 악어들, 하루 종일 싸우는 수컷 연어들, 큰 턱을 휘두르며 싸우는 수컷 사슴벌레들은 모두 자손을 남기기 위해 전투를 치르고 있었다.

* 닭이나 꿩 같은 조류의 수컷의 다리에 뒤쪽으로 향해 있는 돌기. 끝에 뿔과 같은 것이 있으며 발톱과는 다르다. 끝이 예리하고 강인해서 공격용으로 쓰인다.

한 마리의 수컷이 여러 마리의 암컷과 짝짓기를 하는 동물의 경우가 가장 격렬하게 싸우는 것으로 나타났다. 다윈은 이런 싸움 때문에 수사자의 갈기 같은 방어 무기가 발달했다고 생각했다. 하지만 자웅 선택이 모두 투쟁으로 점철되는 것만은 아니었다. 그것이 매우 평화스러운 모습으로 나타나는 경우도 있었다.

새들 사이에서는 이런 경쟁이 더욱 평화로운 성격을 띨 때가 많다. 이 주제에 관심 있는 사람들은 여러 종의 새의 수컷들이 노래로 암컷을 유혹하기 위해 치열한 경쟁을 벌이고 있다고 믿는다. 기아나의 바다직박구리 · 극락조 같은 새들은 여러 마리가 한데 모여드는데, 수컷들은 암컷들 앞에서 차례로 화려한 깃털을 과시하며 기묘하고 익살스런 몸짓을 한다. 암컷들은 구경꾼처럼 그 모습을 지켜보고 섰다가 마지막에 가장 마음에 드는 배우자를 선택한다. 새를 가두어 기르면서 자세히 관찰한 사람들은 새들이 저마다 좋아하는 새와 싫어하는 새가 있다는 것을 잘 알고 있다. 예를 들어 헤런 경은 얼룩무늬를 가진 수컷 공작 한 마리가 모든 암컷들을 완전히 사로잡은 일을 자세히 기록해 놓았다. 이렇게 사소해 보이는 수단이 어떤 효력을 발휘한다고 하면 유치하게 느껴질 수도 있다. …… 하지만 인간이 자신이 생각하는 아름다움의 기준에 따라 짧은 시간 내에 당닭*에게 우아함과 아름다움을 부여할 수 있었던 것을 생각해 보라. 그러면 암탉들이

*몸집이 작은 애완용 닭으로 꽁지가 부채 모양이고 날개를 밑으로 늘어뜨린 자태가 예쁘다. 밴텀 닭이라고도 한다.

이 새들은 수컷이 암컷보다 훨씬 화려한 깃털과 색깔을 하고 있다. 암수 사이의 차이는 어디서 온 것일까? 바다직박구리 수컷(위)과 암컷(가운데), 극락조 수컷(아래).

그들의 아름다움의 기준에 따라 수천 세대에 걸쳐 가장 노래를 잘하거나 아름다운 수컷을 선택함으로써 뚜렷한 효과를 불러올 수 있었으리라는 데에 의심을 품을 이유가 없다. 새의 수컷이나 암컷의 깃털이 어린 새와 다른 것은 어떻게 설명할 수 있을까? 그것은 주로 새들의 성숙기, 또는 번식기에 나타난 깃털의 변이에 자웅 선택이 작용했기 때문이라고 할 수 있다. 해당하는 나이 또는 시기가 오면 수컷, 또는 암수 모두가 이렇게 생겨난 변화를 물려받는 것이다.

다윈은 연구를 거듭하면서 자웅 선택이 아주 강력한 영향력을 발휘한다고 더욱 확신하게 되었다. 그러나 많은 사람들은 자웅 선택의 개념을 받아들이려고 하지 않았다. 자웅 선택이 동물의 행동을 너무 사람의 심리에 빗대어 해석하고 있다는 이유 때문이었다. 다시 말해 다윈이 동물의 행동을 객관적으로 파악하지 않고 의인화했다는 것이다. 사람들은 자웅 선택이 과학보다는 소설에 가깝다고 생각했다.

사람들이 자웅 선택을 쉽게 받아들이지 못한 데에는 다른 이유도 있었던 것으로 보인다. 그것은 바로 일부일처의 가치관이다. 이런 가치관을 가진 사람들로서는 아무리 새의 이야기라고 해도, 수컷이 아름다운 깃털이나 노랫소리로 암컷을 유혹하고, 암컷은 마음에 드는 수컷을 선택한다는 자웅 선택의 개념을 받아들이기 어려웠을 것이다.

이런저런 이유로 자웅 선택의 개념은 사람들 사이에서 배척받았다. 하지만 그 뒤 동물들의 행동에 대한 다양한 연구가 이뤄지면서 이 개념은 다시 중요하게 여겨지기 시작했다. 사람들은 자웅 선택도 진화 과정에서 매우 중요한 역할을 한다는 사실을 알게 되었다.

이성에게 잘 보이는 데에 유리한 형질이 생존에는 불리할 수도 있다. 다시 새를 예로 들어 보자. 새의 수컷은 화려한 깃털을 가질수록 암컷의 눈에 들기 위한 경쟁에서 유리한 입장에 선다. 하지만 색이 화려할수록 포식자의 눈에 띄기도 쉽다. 생존 경쟁에는 불리하다는 것이다. 따라서 새의 깃털은 화려하되 지나치게 화려하지 않아야 한다. 다윈은 자웅 선택에 대한 부분을 다음과 같은 내용으로 맺고 있다.

> 따라서 어떤 동물의 암컷과 수컷이 생활 습성은 대체로 같지만 몸의 구조나 색깔, 장식 등이 서로 다를 때, 그 차이는 주로 자웅 선택에 의해 생긴 것이라고 할 수 있다. 다시 말해서 여러 세대를 지나는 동안, 어떤 수컷들은 무기나 방어 수단, 또는 매력의 면에서 다른 수컷에 대해 조금씩 유리한 점을 갖게 되는데, 이런 이점이 수컷인 자손에게 그대로 유전된다는 것이다. 하지만 암수의 모든 차이점이 자웅 선택의 작용 때문이라고 볼 수는 없다. 왜냐하면 우리가 기르는 동물의 수컷들에서 싸움에 유용한 것도 아니고 암컷을 끄는 데에 유용하다고도 볼 수 없는 특이한 점들이 나타나 고정되는 것을 확인할 수 있기 때문이다. 이와 비슷한 사례는 자연 상태에서도 볼 수 있다. 예

를 들어 수컷 칠면조의 가슴에 나 있는 털 뭉치는 어떤 쓸모가 있을 것 같지도 않고 멋진 장식으로 보이지도 않는다. 사실, 기르는 칠면조에서 이런 털 뭉치가 나타났다면 기형이라고 생각했을 것이다.

마지막 부분을 보면 다윈이 어느 정도 주관적인 판단에 기울어 있었던 것이 사실인 듯하다. 사람(특히 다윈)의 눈에는 칠면조 가슴에 난 털 뭉치가 흉해 보일 수도 있다. 하지만 이는 어디까지나 주관적인 판단일 뿐이다. 어떤 사람의 눈에는 그 털 뭉치가 괜찮아 보일 수도 있고, 더욱이 암칠면조의 눈에는 전혀 다른 의미를 가질 수도 있기 때문이다. 매력 포인트가 될 수도 있다는 뜻이다. 그렇다면 수컷 칠면조의 털 뭉치는 자웅 선택의 초점으로 부각될 수도 있다.

다윈의 주관적인 판단은 사람들에게 자웅 선택을 공격하는 빌미를 제공했을 수도 있다. 그리고 우리는 이 장을 통해서 자웅 선택까지 포괄하는 자연선택이 얼마나 복잡한 양상을 띠고 있는지 다시 한 번 확인하게 된다.

생명의 큰 나무 9

과학의 여러 분야 가운데 진화만큼 사람들에게 다양한 생각(그리고 감정)을 불러일으키는 주제도 드물다. 진화가 절대 있을 수 없는 일이라고 굳게 믿는 사람들은 대개 진화라는 주제를 좋아하지 않는다(좋아하지 않는 정도에서 한 걸음 더 나아가 진화론에 대해 결사항전의 의지를 불태우는 경우도 있다). 반대로 진화가 신 같은 초월적인 존재와는 아무 관계도 없다고 믿는 사람들이 있다. 그들은 그런 신념을 증명할 수 없다는 사실에 좌절감(?)을 느끼기도 한다.

앞의 두 입장이 양극단이라면 그 사이에 다양한 시각들이 퍼져 있다. 우선 진화가 신의 섭리라고 믿는 사람들이 있다. 그들은 양극단에서 입장을 분명히 하라는 은근한 압력을 받는다. 한편, 신이 정말 초월적인 존재라면 인간이라는 존재는 진화가 신의 섭리이건 아니건 간에 결코 진상을 알아낼 수 없다고 생각하는 사람들도 있다. 정말 초월적인 존재는 인간의 이성으로 판단하거나 증명할 대상이 아니라는 것이다. 그들도 비겁하게 뒤로 물러나 있다는 의혹의 눈길을 받곤 한다.

강요할 수 없는 것

그러고 보면 다윈이 왜 그렇게 미적거리며 진화론의 발표를 꺼렸는지 이해할 수도 있다. 다른 입장에 선 사람들과의 갈등을 피할 수 없을 것이기 때문이다(이런 이유 때문인지 다윈은 『종의 기원』에서 사람의 진화에 대해서는 한 마디도 하지 않았다). 이렇게 어려운 상황임에도 나는 진화론을 생각하고 이야기할 때 반드시 지켜야 할 것이 몇 가지 있다고 생각한다.

첫째, 자신의 신념은 신념대로 과학적인 사실은 사실대로 어느 정도 분리해서 다루어야 한다(여기에서 '어느 정도'라는 말을 쓴 것은, 나도 경험한 적이 있지만, 그 둘을 분리하는 것이 너무 힘든 사람들이 있기 때문이다. 그래도 분리는 해야 한다).

누구나 알고 있듯이, 신과 같은 초월적 존재는 과학적인 증명이나 분석의 차원을 넘어서 있다. 그런데도 과학 이론에 초월적 존재를, 또는 초월적 존재에 과학 이론을 끌어대려고 하다 보면 무리가 생긴다. 믿음은 개인의 자유와 선택, 결단이지만 과학은 그렇지 않다. 따라서 과학을 대할 때에는 어떤 믿음도 강요해서는 안 된다. 종교적인 믿음에 과학을 강요할 수 없는 것과 같다.

둘째, 어떤 부분의 불완전함을 꼬집어 전체가 잘못되었다는 식으로 비약해서는 안 된다. 진화론의 대상은 우리가 흔히 알고 있는 물리 법칙이나 화학 법칙이 다루는 대상에 비해 매우 복잡하다. 생명체가 얼마나 복잡한 존재인가는 모두 알고 있다. 눈부시게 발전했다는 현대 과학으로도 생명체의 모든 비밀을 풀지 못했을 정도이다. 그런데 진화론의 대상은 하나의 개체도 아닌, 환경과 소통하는 수많은 생물들이다. 게다가 인간의 삶이나 과학의 역사와는 비교할 수도 없는 긴 시간이 중요한 요소로 되어 있다. 따라서 진화론을 이해하기 위해서는 그 전체를 조망하는 커다란 눈이 필요하다.

진화론은 딱 떨어지는 방정식이나 증명을 제출하지 못한다. 현대 과학도 생명체의 탄생과 진화에 대해서는 끊임없이 새로운 해석을 찾고 있다. 하지만 진화의 설명이 완성되지 못했다는 것과 진화론이 틀렸다는 것은 전혀 다른 말이다. 부분적인 불완전함을 전체적인 오류로 보아서는 안 된다는 뜻이다. 우리는 지금까지 손에 쥔 증거들을 통해 이치에 닿는 설명을 찾을 뿐이다.

자연선택의 요약

"진화론이라. 정말 복잡하군. 그런데 그 골치 아픈 것을 뭐 하러 생각해?"

맞는 말이다. 그런데도 다윈의 시대에는 물론 지금까지 수많은 사람들이 진화에 대해 사색하는 것은 무슨 까닭일까? 그것은 진화론 속에 어떤 보물이 숨겨져 있기 때문일 것이다. 보물을 발견하기 위해서는 힘든 여정을 감수해야 한다.

다른 입장에 있는 사람들과의 갈등이나 복잡한 문제를 고심할 때의 힘겨움 같은 난관을 극복하고, 진화론에서 찾을 수 있는 보물은 무엇일까? 그것은 아마 즐거움일 것이다. 진화론에 대해 깊은 사색에 잠길 때, 우리 인식의 지평이 성큼 확대되면서 새로운 차원의 즐거움을 맛볼 수 있다. 과학은 그런 보물을 구하는 사람들에 의해 발전해 왔다.

다윈도 그런 보물을 찾고 있었다. 그리고 그 과정을 통해 자연선택의 이론을 완성할 수 있었다. 다윈의 자연선택은 흔히 알려진 것처럼 생존 경쟁, 적자생존이라는 몇 개의 낱말로 단순하게 정리할 수 있는 것은 아니었다. 그러면 다윈 자신은 『종의 기원』에서 자연선택을 어떻게 정리하여 이야기했는지 살펴보기로 하자.

다윈은 4장의 마지막 부분에 4장 전체의 내용을 요약해 놓았다. 그는 자연선택에 대해 정리하면서, 자연선택의 전제라고 할 수 있는 변이와 생존 경쟁에 대한 이야기로 말문을 열고 있다.

> 오랜 세월 변화하는 생활환경 때문에 생물의 구조가 얼마간 바뀐다는 것은 논란의 여지가 없는 사실이다. 또 각 생물 종이 기하급수적으로 증가하는 경향 때문에, 일정한 나이나 시기가 되면 생존을 위한 치열한 투쟁을 한다는 것도 분명 의심할 수 없는 사실이다. 그런데 모든 생물이 서로에 대해서, 또 생존 조건에 대해서 맺고 있는 복잡한 관계는 그들의 구조와 습성에 매우 커다란 다양성을 불러일으킨다. 그렇다면 지금까지 사람들에게 유용한 수많은 변이가 생겨났듯이, 각각의 생물들에게 이로운 변이도 생겨났으리라고 볼 수 있다. 만일 어떤 생물에 유용한 변이가 일어나면 그 특징을 가진 개체는 생존 경쟁에서 살아남을 가능성이 커진다. 그리고 유전의 원리에 따라 그 개체들은 비슷한 특징을 지닌 자손을 낳게 된다. 나는 이 일을 간

략히 일컬어서 '자연선택'이라고 했다.

다윈은 생물의 구조는 물론 습성도 선택의 대상이 된다고 보고 있다. 강한 이빨과 억센 발톱, 튼튼한 근육 등으로 생존 경쟁에서 살아남는 일이 얼마나 중요한가는 더 말할 필요도 없다. 하지만 이런 구조뿐만 아니라 습성도 선택의 대상이 될 수 있다는 것이다. 새들이 고운 노랫소리를 갖게 된 것도 습성이 선택되었기 때문이라고 할 수 있다.

아름다운 깃털과 웅장한 뿔

새들의 노랫소리는 단순히 살아남기 위한 경쟁이 아니라 짝짓기를 하기 위한 경쟁 과정에서 획득되었다. 다윈은 이렇게 '더 많은 자손을 남기기 위한 경쟁'이 진화 과정에서는 매우 중요하다는 사실을 깨닫고 있었다. 그리고 그 경쟁의 결과를 자웅 선택이라는 이름으로 정리하고 있다.

> 많은 동물들 사이에서는 일반적인 선택과 함께 자웅 선택이 작용하고 있다. 그것은 가장 활기 넘치고 가장 잘 적응한 수컷이 가장 많은 자손을 남기도록 해 줄 것이다. 자웅 선택은 또한 수컷들간의 투쟁 과정에서 수컷에게만 쓸모 있는 특징이 생겨나도록 한다.

새들의 수컷에서 볼 수 있는 아름다운 깃털이나 특별한 과시 행동, 사슴이나 순록의 수컷이 갖고 있는 웅장한 뿔 같은 것들은 모두 자웅 선택의 결과라고 할 수 있다. 그렇다면 짝짓기를 잘해서 많은 자손을 낳기만 하면 되는 것일까?

두 원숭이 이야기

많은 자손을 남기기 위해서는 물론 많은 자손을 낳아야 할 것이다. 하지만 우리는 아무리 많은 자손을 낳아도 성장하는 도중에 대부분이 죽어 버리는 경우를 자주 보게 된다. 짝짓기에 성공해서 많은 자손을 낳는 것뿐만 아니라 그들을 돌보는 것도 중요한 변수가 될 수 있다는 뜻이다.

옛날 옛적 아프리카 대륙에 푸푸와 무무라는 비슷한 원숭이들이 살고 있었다고 가상해 보자. 푸푸원숭이와 무무원숭이는 몸집, 지능, 힘이 모두 비슷했다. 그런데 번식에서만큼은 커다란 차이가 있었다. 푸푸원숭이는 암컷 한 마리가 1년에 새끼를 다섯 마리 정도 낳는 데 반해, 무무원숭이는 2년에 한 마리밖에 낳지 못했다. 따라서 푸푸원숭이들은 계속 번성하고 무무원숭이들은 서서히 멸종의 길을 걸을 수밖에 없었을 것으로 보였다.

그러나 예상과는 전혀 다른 일이 일어났다. 푸푸원숭이는 새끼가 태어나면 그냥 내버려 두고, 무무원숭이는 새끼가 태어나면 모두 힘을 합쳐서 정성을 다해 키우는 습성이 있었기 때문이다. 푸푸원숭이들은 새끼 원숭이에게 먹을 것을 구해 주지도 않고 보살펴 주지도 않으며 적이 나타나면 뿔뿔이 흩어져 도망치기에 바빴다.

반대로 무무원숭이들은 새끼들에게 먹을 것을 가져다 주고 밤이면 잠자리를 돌봐 주고 표범이 나타나면 한 덩어리가 되어 필사적으로 맞서 싸우면서 어린것들을 지켰다.

푸푸원숭이 새끼들은 거의 대부분이 굶거나 병들거나 적을 만나 죽었다. 하지만 무무원숭이 새끼들은 비록 적은 수가 태어났지만 대부분이 살아남았다. 그 결과 푸푸원숭이들은 화석으로밖에 자취를 찾아볼 수 없게 되었다. 반면에 무무원숭이들은 번성의 길을 걸었다.

이제 우리가 자연계에서 목격할 수 있는 놀라운 모성과 부성이 왜 생겨났는지 이해할 수 있을 것이다. 동물들이 진화하는 과정에서 어린 새끼들을 보살피는 행동이 선택되었던 것이다. 이 밖에도 많은 동물의 행동이 이런 선택을 통해 진화한 것으로 보인다.

생명의 큰 나무

진화론에 대한 이해는 장구한 시간과 수많은 생물들, 그리고 그 생물들이 놓인 환경의 관계를 조망할 수 있는 넓은 시야가 있을 때에나 가능하다. 어린 시절부터 자연과 함께 하는 삶의 태도를 갖고 젊은 시절을 세계 곳곳의 생물상(生物相)과 화석 생물들을 접하면서 보낸 삶은 다윈에게 그 넓은 시야를 허락해 주었다. 다윈은 4장을 마무리하면서 하나의 큰 그림을 펼쳐 놓고 있다. 그것은 바로 '생명의 큰 나무'였다.

모든 동식물이 모든 시간과 공간에 걸쳐 서로 유연관계를 맺는다는 것은 참으로 놀라운 일이다. …… 어떤 생물의 강(綱)에서든, 그것에 속한 수많은 무리들을 한 줄로 길게 늘어놓을 수가 없다. 그들은 몇 개의 점을 중심으로 해서 모여 있고, 그렇게 모여 있는 것들은 다시 몇 개의 점을 중심으로 해서 모여 있다. 이런 일이 거의 무한하게 되풀이된다. 각각의 종이 독립적으로 창조되었다는 견해로는 모든 생물의 분류에서 확인되는 이 중요한 사실을 설명할 수 없다. 하지만 내가 판단할 수 있는 한, 멸종과 형질의 분기를 수반하는 자연선택과 유전의 복잡한 작용을 통해서는 그것을 설명할 수 있다.

강(綱)은 생물의 분류에서 문(門) 바로 밑에 있는 단계이다. 척추동물문을 예로 들면 양서류, 파충류, 조류, 포유류 등 비교적 커다란 생물의 무리가 하나의 강으로 분류된다. 다윈은, 사람들이 같은 강에 속한 생물들의 유연관계를 큰 나무로 나타내는 것을 예로 들어, 생명의 큰 나무라는 그림을 그렸다. 그에게 생명의 큰 나무는 자연선택에 따른 진화의 결정체였다.

같은 강에 속한 모든 생물의 유연관계는 때때로 큰 나무로 표현된다. 나는 이런 비유가 매우 진실에 가깝다고 생각한다. 녹색으로 움트는 어린 가지는 현재의 종을 나타낸다. 이제까지 해마다 생겨난 잔가지들은 지금까지 멸종한 종들이 잇달아 있는 것으로 볼 수 있다. 나무가 자라 오는 동안 모든 성장하는 잔가지들은 모든 방향으로 가지를

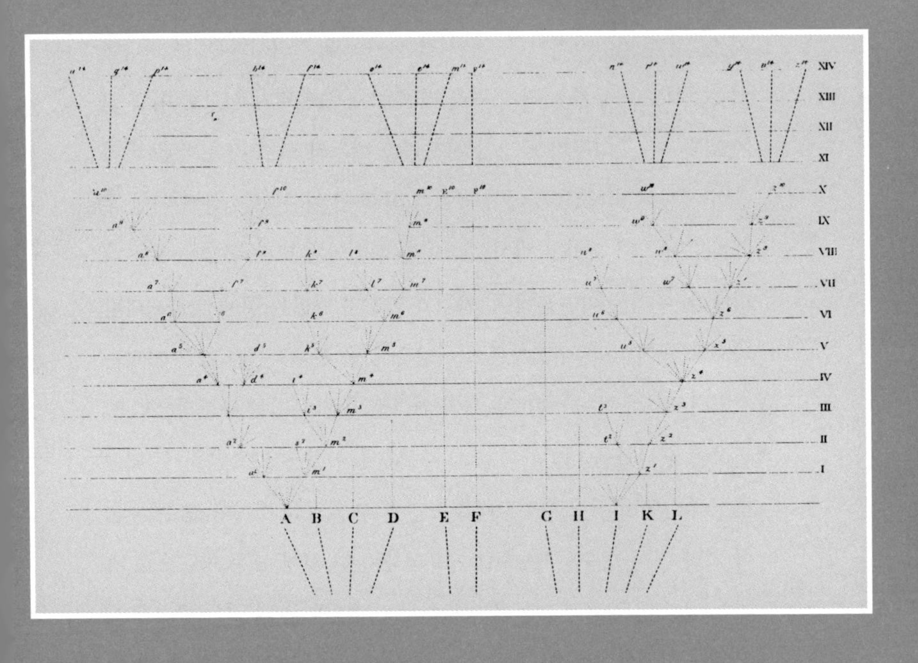

생명의 큰 나무. 『종의 기원』에 나오는 유일한 그림이다. 다윈은, 사람들이 같은 강에 속한 생물들의 유연관계를 큰 나무로 나타내는 것을 예로 들어, 생명의 큰 나무라는 그림을 그렸다. 그에게 생명의 큰 나무는 자연선택에 따른 진화의 결정체였다.

뻗어 주위의 다른 가지들을 압도하고자 했다. 생물의 종이나 여러 종의 무리가 목숨을 걸고 싸우는 거대한 전투에서 다른 종을 압도하고자 한 것과 마찬가지이다. 점점 작은 가지로 갈라져 나가는 커다란 나뭇가지도 나무가 아직 어렸을 때에는 겨우 움트기 시작한 여린 가지였다. …… 나무가 자라기 시작했을 때부터 크고 작은 많은 가지들이 시들어 떨어졌다. 이미 없어져 버린 이 가지들은, 현재 어떤 후계자도 남기지 못하고 화석으로만 알려져 있는 모든 목, 과, 속을 나타낸다. 우리는 이따금씩 두 가지가 갈라져 나가는 곳에서 가느다란 가지가 뻗어 나와 어떻게든 살아남은 것을 보게 된다. 이런 가지는 오리너구리나 폐어*처럼 두 개의 커다란 생물 무리를 부분적으로 연결하는 생물들을 나타낸다고 할 수 있다. 이들은 보호받을 수 있는 장소에 살면서 치명적인 경쟁을 모면할 수 있었을 것이다. 움튼 새순이 자라 다시 새순을 낳고 그 가운데 튼튼한 것이 모든 방향으로 가지를 쳐서 다른 약한 것들을 압도하듯, '생명의 큰 나무'는 세대를 거듭하여 시들어 떨어진 가지로 지표를 채우고 가지치기를 계속하는 아름다운 가지들로 스스로를 덮고 있음을 나는 믿는다.

* 오리너구리와 폐어는 서로 다른 두 종류의 특징을 함께 갖는 동물들이다. 오리너구리는 포유류로 분류되지만 부리처럼 생긴 주둥이와 물갈퀴를 갖고 알을 낳는 등 조류의 특징을 함께 갖고 있다. 폐어는 폐(허파)를 가진 물고기라는 뜻이다. 폐어의 경우, 어린 새끼는 양서류처럼 겉아가미를 갖고 물속에서 호흡을 하지만, 나중에는 식도가 부풀면서 부레가 생겨 마치 육상 동물의 폐처럼 되어 공기 호흡을 하게 된다.

진화의 살아 있는 증거들

다원이 멘델을 만났다면

다윈은 『종의 기원』 5장에서 '변이의 법칙'에 대해 이야기하고 있다. 그런데 변이의 법칙에 대한 다윈의 글을 읽다 보면 생존 경쟁이나 자연선택에 대한 부분에 비해 힘이 부친다는 느낌을 받는다. 이는 혹시 다윈 스스로 자신이 변이의 법칙을 정확하게 이해하지 못했음을 깨달았기 때문은 아닐까? 다윈은 '변이의 법칙' 첫 부분을 이렇게 시작하고 있다.

> 나는 지금까지 때때로 변이가 마치 우연히 일어나는 것처럼 이야기했다. 이는 물론 전적으로 그릇된 표현이지만,* 우리가 각각의 특정한 변이의 원인을 모르고 있다는 것을 솔직히 인정하는 데에는 도움이 될 것이다.

하지만 현대를 사는 우리는 생물의 변이에 대해 매우 많은 것을 알게 되었다. 그 속에 다윈이 놓쳤던 매우 중요한 사항이 들어

*다윈은 여기에서 전적으로 그릇된 표현이라고 했지만, 사실은 그렇지 않다. 자연 상태에서도 유전자는 우연히 변이를 일으키곤 하기 때문이다.

있으니, 바로 멘델의 유전 법칙이다. 자연선택이 작용하는 대상인 변이는 유전 현상과 떼려야 뗄 수 없는 관계이다. 따라서 다윈의 이론이 완성되기 위해서는 '멘델의 유전 법칙'의 세례를 받아야 했다. 그러나 안타깝게도 다윈은 끝내 멘델의 이론을 만나지 못했다.

어버이의 형질이 자손에서 융합된다

그러면 다윈은 어떻게 유전이 일어난다고 생각했을까? 다윈은 당시의 많은 사람들처럼 융합 유전을 믿었다. 융합 유전이란 마치 파란 물감과 노란 물감을 섞으면 녹색 물감이 되는 것처럼 어버이의 형질이 자손에게서 섞여 나타난다는 것이다. 융합설로는 키와 몸무게 같은 몇몇 형질의 유전은 설명할 수 있지만, 다른 여러 가지 형질의 유전은 설명할 수가 없다.

생각해 보자. 융합설에 따르면 백마와 흑마가 결합해서 낳은 망아지는 모두 회색이 되어야 한다. 하지만 실제로는 백마나 흑마가 태어난다. 융합 유전을 여러 세대에 적용하면 문제는 더욱 심각해진다. 살찐 말과 마른 말이 짝짓기를 할 때마다 그 자손은 중간이 되어야 하므로, 이런 일이 수백 세대 동안 모든 말에서 일어나면 이 세상의 모든 말은 평균 크기가 되어야 한다. 색깔이나 다른 특징도 모두 평균이 되어 이 세상의 모든 말은 똑같아질 것이다. 하지만 현실에서는 이런 일이 결코 일어나지 않는다. 그래서 다윈도 다음과 같이 고백하고 있다.

오스트리아의 과학자 멘델. 자연선택 과정에서 개체의 중요한 변이는 유전 현상과 뗄 수 없는 관계에 있었지만 다윈은 안타깝게도 멘델의 이론을 만나지 못했다.

> 어떤 품종이 다른 품종과 단 한 번 교배되었을 뿐인데도 그 자손이 몇 세대에 걸쳐 그 다른 품종의 형질을 나타내는 경우가 있다. 심지어는 20세대 동안 이런 일이 일어난다고도 한다. 흔한 표현대로 하면 12세대가 지나면 어느 한 조상의 혈액의 비율은 2,048분의 1에 지나지 않는다. 그런데도 …… 이 지극히 적은 비율의 외래 혈액이 이런 일을 일으킨다는 것이다. …… 어떤 품종에서 이미 없어진 형질이 여러 세대가 지난 뒤 다시 나타나는 일에 대해 세울 수 있는 가장 확실한 가설은, 자손이 갑자기 수백 세대 전의 조상을 모방하는 것이 아니라, 그 뒤를 이은 각 세대에 문제의 형질이 나타나도록 하는 경향이 잠재해 있다가 그것이 마침내 미지의 알맞은 조건하에서 우세해진다는 것이다.

자주 쓰는 것과 쓰지 않는 것의 결과

이렇듯 융합 유전의 설명은 부족한 점이 많았다. 융합설은 또한 자연선택설을 공격하는 빌미가 되었다. 융합설에 따르면 모든 변이가 섞여서 사라질 것이므로 자연선택이 작용할 여지가 없어진다. 다윈은 생물이 살아 있는 동안 획득한 형질이 유전되어 변이가 계속 유지된다는 설명으로 이 문제를 풀려고 했다.

> 가축의 경우, 사용이 일정한 부분을 강하고 크게 만들어 주며 불사용이 약하고 작게 만들어 준다는 데에는 의심의 여지가 없다. 그리고 이런 변화는 유전하는 것으로 보인다. …… 자연 상태의 많은 동물

들이 사용과 불사용의 작용으로 설명할 수 있는 구조를 갖고 있다. …… 땅에서 먹이를 찾는 새들은 위험을 피할 때가 아니면 날아오르는 일이 거의 없다. 따라서 포식자가 살지 않는 몇몇 섬에 사는 새들이 거의 날지 못하게 된 것은 날개를 사용하지 않았기 때문이라고 볼 수 있다.

하지만 현대 과학에 따르면 획득 형질의 유전은 잘못된 이론이다. 다윈이 이 문제와 씨름하는 동안, 유럽의 한가운데에서는 수도사 멘델에 의해 역사적인 발견이 이루어지고 있었다. 멘델의 유전 법칙에 대해 알아보자.

염색체와 유전자가 쌍을 이룬 까닭

멘델의 유전 법칙은 유성 생식을 하는 생물과 관련이 있다. 유성 생식이란 암수 구분이 있는 생식 방법을 말한다. 그런데 이렇게 유성 생식으로 자손을 남기는 생물들, 즉 암술과 수술이 있는 꽃식물들이나 암컷과 수컷이 짝짓기를 하는 동물들에서는 멘델의 유전 법칙에 따라 유전이 일어난다. 유전이란 어버이의 성질과 모양 등이 자손에게 전해지는 현상을 말한다.

멘델의 유전 법칙을 이해하기 위해 반드시 알아야 할 것이 염색체이다. 염색체는 세포의 핵 속에 들어 있다가 세포가 분열할 때 나타나는 막대 모양의 알갱이들인데, 염색이 잘된다고 해서 이런 이름이 붙었다. 한 생물의 몸을 이루는 모든 세포에는 같은 수의

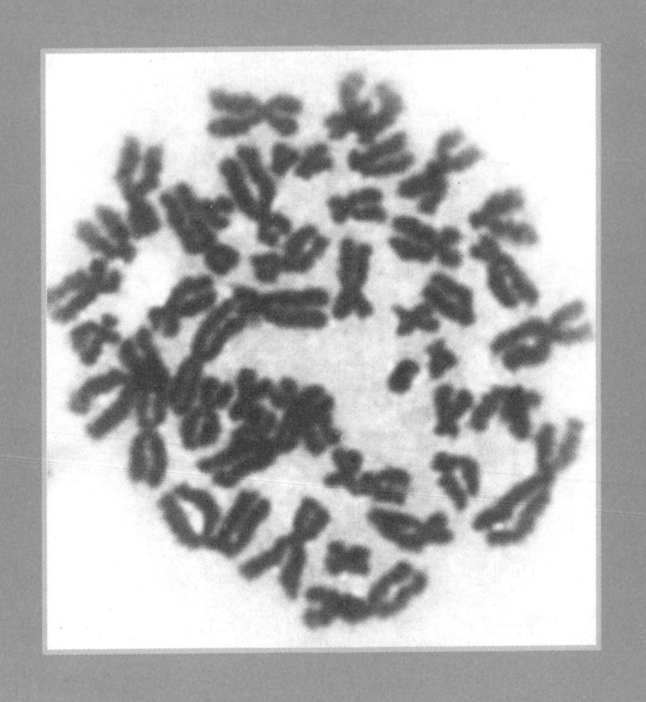

염색체. 세포의 핵 속에 있다. 염색체가 중요한 것은 그 속에 유전자가 들어 있기 때문이다. 생물의 특징, 곧 형질을 결정하는 것이 바로 유전자이다.

염색체가 들어 있다. 염색체가 중요한 것은 그 속에 유전자*가 들어 있기 때문이다.

유성 생식을 하는 생물들의 염색체 수는 모두 짝수이다. 예를 들어 사람은 염색체가 46개인데, 그 중 23개는 어머니에게서, 나머지 23개는 아버지에게서 받는다. 어머니는 그 염색체들을 난자에 담아 자녀에게 전해 주고, 아버지는 정자에 담아 전해 준다.** 23개의 염색체를 가진 난자와 23개의 염색체를 가진 정자가 합쳐서 46개의 염색체를 가진 수정란이 되면 비로소 한 사람이 태어날 수 있다. 사람의 염색체는 이런 이유로 2개씩 쌍을 이루고 있다. 유성 생식을 하는 다른 생물들도 마찬가지이다.

생물의 분류 기준이 되는 모든 특징을 형질이라고 한다. 생물체는 헤아릴 수 없이 많은 형질이 모여서 이루어진다. 그리고 그 하나하나의 형질을 결정하는 것이 하나하나의 유전자이다. 염색체와 마찬가지로 유전자도 쌍을 이룬다. 아버지에게서 받은 염색체의 모든 유전자가 어머니에게서 받은 염색체의 모든 유전자와 쌍을 이루고 있는 것이다.

* 유전자는 유전 형질을 나타내는 원인이 되는 인자로서, 유전자의 본체는 DNA이다.

** 이렇게 하나의 난자, 또는 정자(이 둘을 가리켜 배우자라고 한다)가 갖고 있는 모든 염색체의 유전자를 통틀어 게놈이라고 한다. 하나의 배우자가 가진 염색체들에는 서로 다른 유전자가 들어 있다. 사람의 난자와 정자는 각각 1번부터 22번까지 스물두 개의 보통 염색체와 한 개의 성염색체(X 염색체, 또는 Y 염색체)를 갖는다.

보통 사람과 마법사의 결혼

한 형질에 관여하는 두 유전자는 서로 같을 수도, 서로 다를 수도 있다. 마법 능력이라는 형질을 예로 들어 보자. 마법 능력의 형질을 나타내는 유전자는 마법사의 유전자, 마법 능력을 나타내지 않는 유전자는 보통 사람의 유전자라고 했을 때, 이렇게 서로 대립되는 형질의 유전자들을 대립 유전자라고 한다.

멘델은 대립 유전자에 대해서 한 가지 중요한 사실을 알게 되었다. 한 쌍의 대립 유전자 중에서 하나는 우성, 나머지 하나는 열성이라는 것이다. 우성 유전자의 형질은 항상 나타나고, 열성 유전자의 형질은 우성 유전자가 없을 때에만 나타난다.* 우성 유전자는 영어 대문자로, 이에 대립되는 열성 유전자는 같은 문자의 소문자로 표시한다.

보통 사람의 유전자가 우성, 마법사의 유전자가 열성이면, 보통 사람의 유전자는 M, 마법사의 유전자는 m으로 표시할 수 있다. 보통 사람의 유전자만 가진 사람(MM)은 물론 보통 사람이다. 마법사의 유전자만 가진 사람(mm)은 마법사이다. 그러면 보통 사람의 유전자와 마법사의 유전자를 하나씩 가진 사람(Mm)은 어떻게 될까?** 마법사의 유전자는 보통 사람의 유전자가 있을 때에는

* 우성과 열성이라고 하면 우성은 우수한 형질이고 열성은 열등한 형질이라고 생각하기 쉽다. 하지만 유전 법칙에서 말하는 우열은 결코 어떤 형질이 더 낫다거나 못하다는 뜻이 아니다. 여기 나온 그대로 우성은 항상 발현되는 유전자, 열성은 우성 대립 유전자가 있을 때에는 발현되지 않는 유전자를 말한다.

** 특정한 형질에 대한 유전자들이 결합해 있는 방식을 유전자형이라고 한다. MM, mm, Mm은 모두 유전자형을 기호로 나타낸 것이다. 이에 대해 보통 사람, 또는 마법사처럼 겉으로 본 형질을 표현형이라고 한다.

나타나지 않으므로 이 경우에는 보통 사람이다.

MM의 보통 남자와 mm의 여자 마법사가 결혼한다면 어떤 아이들이 태어날까? MM인 남자의 모든 정자는 유전자 M만을, mm인 여자의 모든 난자는 유전자 m만 있다. 따라서 두 사람 사이에서는 Mm인 보통 아이들만 태어날 것이다. 이런 일을 '우열의 법칙'이라고 한다.

보통 사람들이 마법사 아기를 낳는 이유

이번에는 Mm인 보통 남자와 Mm인 보통여자가 결혼한다면 어떤 아이들이 태어날지 생각해 보자. Mm인 남자는 M의 정자와 m의 정자를 절반씩 만든다. Mm인 여자 역시 M의 난자와 m의 난자를 절반씩 만든다.

두 사람 사이에는 아버지의 M과 어머니의 M을 가진 MM의 보통 아기, 아버지의 M과 어머니의 m을 가진 Mm의 보통 아기, 아버지의 m과 어머니의 M을 가진 Mm의 보통 아기, 아버지의 m과 어머니의 m을 가진 mm의 마법사 아기가 같은 비율로 태어난다. 두 사람이 많은 아기를 낳는다면 보통 아기와 마법사 아기가 약 3 : 1의 비율로 분리되어 태어난다는 뜻이다. 이것을 '분리의 법칙'이라고 한다.

은발의 마법사

이번에는 다른 대립 형질을 생각해 보자. 갈색 머리카락과 은색 머리카락을 예로 들어 보자. 갈색 머리카락의 유전자(B)를 우성, 은색 머리카락의 유전자(b)를 열성이라고 하자. 유전자형이 BBMM인 갈색 머리카락의 보통 남자와 bbmm인 은발의 여자 마법사가 결혼해서 아이를 낳는다면 어떤 일이 일어날까? 그 자녀들은 모두 갈색머리를 가진 보통 아기(BbMm)가 된다. 머리카락의 색깔과 마법 능력이 모두 독립적으로 우열의 법칙에 따른 것이다.

그러면 BbMm인 갈색 머리카락의 보통 남자와 역시 BbMm인 갈색 머리카락의 보통 여자가 결혼한다면 어떤 아이들을 낳게 될까? 이 경우에는 가로축에 여성의 난자들이 가진 유전자들을, 세로축에 남성의 정자들이 가진 유전자들을 표시하고 그들이 만나서 태어날 수 있는 아기들의 유전자형과 표현형을 나타낸 바둑판

난자 / 정자	BM	Bm	bM	bm
BM	BBMM	BBMm	BbMM	BbMm
Bm	BBMm	BBmm	BbMm	Bbmm
bM	BbMM	BbMm	bbMM	bbMm
bm	BbMm	Bbmm	bbMm	bbmm

모양의 표를 이용하는 것이 좋다.

결과를 종합해 보면 갈색머리의 보통 아기가 9, 갈색머리의 마법사 아기가 3, 은발의 보통 아기가 3, 은발의 마법사 아기가 1이다. 갈색머리 : 은발 = 9+3 : 3+1 = 3 : 1, 보통 아기 : 마법사 아기 = 9+3 : 3+1 = 3 : 1, 이로써 각각 분리의 법칙을 따랐음을 알 수 있다.*

이렇게 머리카락과 마법 능력처럼 서로 다른 대립 형질들이 함께 유전되어도 서로 독립적으로 우열의 법칙, 분리의 법칙을 따르는 것을 가리켜 독립의 법칙이라고 한다. 멘델은 사람과는 비교할 수도 없이 많은 자손을 낳고, 또 마음대로 교배할 수 있는 완두를 재료로 해서 우열 · 분리 · 독립의 세 가지 유전 법칙을 발견할 수 있었다.

모든 마법사가 은발이라면

멘델은 완두 재배 실험을 통해 알게 된 유전 법칙을 1865년 매우 훌륭한 논문으로 발표했다. 하지만 과학자들은 그의 실험 결과가 매우 특별한 예에 불과하다고 생각했다. 일반적인 유전 법칙이 될 수 없다고 본 것이다. 멘델의 법칙이 유전자의 발현을 매우 정확하게 설명하고 있다는 것은 분명한 사실이다. 그러나 실제로 유전 현

* 여기에서 9, 3, 3, 1이라는 숫자는 16명의 아기 중에서 9명은 반드시 갈색머리의 보통 아기이고, 1명은 반드시 은발의 마법사라는 뜻은 아니다. 각각의 아기들이 태어날 확률이 9/16, 3/16, 3/16, 1/16이라는 뜻일 뿐이다. 한 쌍의 부부가 매우 많은 자녀를 낳는다면 이런 비율이 그대로 적용되겠지만, 사람들은 그렇게 많은 아기를 낳지는 않는다.

상이 일어날 때에는 멘델의 실험에서는 나타나지 않은 수많은 복잡한 변수들이 개입한다. 많은 유전 현상이 멘델의 유전 법칙을 따르지 않는 것처럼 보이는 이유이다. 그래서 멘델의 유전 법칙은 발표된 뒤에도 한참 시간이 흐른 20세기 초에 이르러서야 널리 인정받게 되었다.

멘델의 유전 법칙을 따르지 않는 유명한 예가 중간 유전이다. 우성 유전자와 열성 유전자가 함께 있을 때, 중간적인 형질이 나타나는 것이다. 하지만 멘델의 법칙이 예외적으로 보인 데에는 더 중요한 이유가 있었다.

유전과 관련된 매우 중요한 한 가지 현상이 연관이다. 연관은 하나의 염색체에 엄청나게 많은 유전자가 있기 때문에 일어나는 일이다. 만약 마법 능력의 유전자가 1번 염색체에, 머리카락 색깔의 유전자가 2번 염색체에 따로 떨어져 있다면 그 두 가지 형질은 독립의 법칙에 따라 유전될 것이다.

하지만 만일 은발의 유전자와 마법사의 유전자가 같은 염색체 위에 바로 붙어 있다면 어떨까? 두 유전자가 마치 하나의 유전자처럼 달라붙어서 유전될 것이다. 이렇게 유전자가 같은 염색체 위에서 같은 행동을 하는 일을 가리켜 연관이라고 한다.

그런데 같은 염색체 위에 있는 모든 유전자가 강력한 연관을 나타내는 것은 아니다. 가끔 쌍을 이룬 두 염색체*의 같은 부분이

*이렇게 쌍을 이룬 두 염색체를 상동 염색체라고 한다. 예를 들어 우리가 아버지로부터 물려받은 1번 염색체와 어머니로부터 물려받은 1번 염색체는 상동 염색체이다.

끊어져 서로 자리를 바꾸어 연결되기 때문이다.* 따라서 같은 염색체 위에 있다고 해도 서로 멀리 떨어진 것들은 연관 현상이 약하게 나타난다.

다윈은 연관 현상을 눈치채고 자신은 "어느 한 부분에 경미한 변이가 일어나서 그것이 자연선택에 의해 누적되면 다른 부분들에도 변화가 일어난다는 의미로 상관 변이라는 말을 사용한다."고 하면서 이것은 매우 중요하면서도 이해가 충분히 되지 않는 문제라고 했다.

돌 속에서 창조된 조개 모양

지금까지 살펴본 것처럼 다윈은 유전과 변이의 법칙에 대해서 충분히 이해하지 못하고 있었다. 하지만 그가 연구한 변이의 여러 사례는 생물의 진화에 대한 확신을 심어 주었다. 다윈은 수많은 말 종류의 줄무늬를 연구한 결과를 이야기한 뒤에 다음과 같은 이야기로 5장을 끝맺고 있다.

> 나는 얼룩말처럼 줄무늬가 있는 어떤 동물이 말, 당나귀, 아시아당나귀, 콰가얼룩말, 얼룩말의 공통 조상이었다고 단언할 수 있다. 말 종류의 여러 종이 독립적으로 창조되었다고 믿는 사람은 각각의 종이 다른 종과 같은 줄무늬를 갖도록 특수한 변이가 일어나는 경향을

*이런 일을 교차라고 한다.

갖고 창조되었다고 주장할 것이다. 또 각각의 종은 멀리 떨어진 지역의 종과 교배했을 때 어버이와는 다르게 같은 속에 해당하는 다른 종의 줄무늬를 가진 잡종이 되는 경향을 띠고 창조되었다고 주장할 것이다. …… 이는 신의 업적을 단순한 모방과 속임수로 돌려 버리는 일이다. 그럴 바에야 차라리 나는 고루하고 무지한 우주 창조론자와 더불어 조개의 화석은 예로부터 존재한 것이 아니라 지금 바닷가에 살고 있는 조개들을 흉내 낸 것이 돌 속에서 창조된 것이라고 믿고 싶다.

물론 조개의 화석은 돌 속에서 그런 모양으로 창조된 것이 아니라 오래전에 살던 생명의 흔적이다. 다윈은 이런 역설적인 이야기로 자신의 신념을 다시 한 번 강조하고 있다.

박쥐는 어떻게 날개를 갖게 되었나

다윈은 자연선택의 이론이 진리임을 믿어 의심치 않았다. 하지만 사람들이 그 이론을 쉽게 받아들일 수 없으리라는 것을 잘 알고 있었다. 다윈의 생각은 매우 급진적인 것이었다. 방향이 예정된 신의 섭리가 아닌, 아무 방향도 없는 우연에 의해 이 세상의 모든 생명체들이 생겨났다고 주장했기 때문이다.

다윈은 이전에 진화를 주장한 다른 사람들과 달랐다. 진화가 어떤 특별한 방향으로 예정되어 있다거나 생물의 의지와 노력이 작용한다거나 하는 정신적인 측면에 대한 이야기를 한 마디도 하지 않았던 것이다. 그는 오로지 변이와 자연선택만을 이야기했다. 사람들은 우연이라고밖에 할 수 없는 자연선택만으로 그 다양하고도 복잡하며 아름답고도 정교한 생물들이 나타났다는 것을 믿을 수 없었다.

특히 어려운 네 가지 문제

다윈은 6장 '자연선택설의 어려운 문제들' 앞부분에 자신의 이론이 안고 있는 특히 어려운 문제들이 무엇인지 밝혀 놓았다.

시조새의 화석. 부리에는 날카로운 이가 나 있고 앞다리는 날개로 변했다. 시조새는 파충류가 조류로 진화했음을 보여 준다. 이렇게 한 종과 다음 종의 중간적인 형태를 보여 주는 이행형의 예는 매우 드물다. 다윈은 자신의 이론을 확립하기 위해서 이행형이 드문 이유를 설명해야 했다. 시조새 화석이 처음 발견된 것은 다윈의 『종의 기원』이 출간된 직후인 1860년대이다.

독자들은 여기까지 읽어 오기 한참 전부터 많은 어려움에 직면했을 것이다. 돌이켜 보면 나 자신조차 동요하는 것을 어찌지 못한 문제들도 있었다. 하지만 결국 많은 것들이 피상적으로만 어렵게 느껴질 뿐이며, 정말 어려운 문제들도 내 이론에 치명적인 것은 아니라는 판단이 들었다.

다윈은 그 어려운 문제들을 모두 네 항목으로 정리했다. 첫째, 생물 종들이 매우 미세한 점진적 변화를 통해 다른 종에서 생겨났다면 그 이행형, 곧 한 종에서 다음 종으로 변화해 가는 중간 형태가 그렇게 드물게 나타나는 이유는 무엇인가? 둘째, 과연 다른 어떤 동물이 변화해서 박쥐처럼 특이한 구조와 습성을 가진 동물이 될 수 있었을까? 또 우리 눈처럼 완벽하고 놀라운 구조를 가진 기관이 단순한 우연만으로 생겨날 수 있었을까? 셋째, 본능이 자연선택을 통해 얻어지고 바뀔 수 있는가? 넷째, 서로 다른 종을 교배하면 생식 능력이 없는 자손을 낳는 데 반해, 변종들을 교배하면 생식력이 전혀 약해지지 않는 이유가 무엇인가?

다윈은 이 네 문제 중에서 첫 번째와 두 번째 것은 『종의 기원』 6장에서, 본능과 교배(잡종성)의 문제는 각각 7장과 8장에서 다루고 있다. 그러면 첫째 문제인 희귀한 이행형의 문제에 대해 어떻게 설명하고 있는지 알아보자.

하나의 지위에 하나의 종

제일 먼저 다윈은 지금 살아 있는 생물들 중에서 이행형을 찾아보기 어려운 이유를 설명하고 있다. "생물 종이 계속 변화하고 있다면 자연계 전체가 혼돈에 빠져야 할 텐데, 현재 종과 종의 구분이 그토록 명확한 이유는 무엇인가?" 하는 물음에 답을 하려고 한 것이다.

> 자연선택은 유리한 변화를 보존하는 방식으로만 작용한다. 따라서 새로운 형태들은, 경쟁 관계에 있는 개량이 덜 진행된 자신의 조상형이나 불리한 조건에 있는 다른 것들의 지위를 빼앗아 결국 멸종시켜 버리는 경향이 있다. 멸종과 자연선택은 이렇듯 긴밀한 협력 관계에 있는 것이다. 따라서…… 새로운 형태가 만들어지고 완성되는 과정 그 자체에 의해 그 조상형과 이행적 변종들이 모두 멸종했을 것이다.

'생태적 지위'라는 개념을 이용하면 다윈의 이런 설명을 보충할 수 있다. 생태적 지위란 생물이 생물 공동체 내에서 차지하는 위치를 일컫는 말이다.* 어떤 동물의 생태적 지위에는 그것이 어떤 식물, 또는 동물을 먹이로 하는지, 그 중에서도 특히 어떤 부분을 먹는지, 추운 곳에서 사는지, 아니면 따뜻한 곳에서 사는지, 산에서 사는지, 아니면 평지에서 사는지, 물속에서 사는지, 나무 위

* 생태적 지위는 생태학의 개념이다. 생물의 생활 상태와 환경에 대한 관계를 연구하는 분야가 생태학인데, 생태학은 1869년에 처음 개념이 등장했을 정도로 비교적 최근에 발달한 학문이다.

에서 자는지, 아니면 굴을 파고 자는지, 어떤 동물에게 잡아먹히는지, 활동하는 시기는 언제인지, 알을 낳는다면 언제 어디에서 낳는지, 새끼를 낳는다면 어느 계절에 낳는지 등 엄청나게 많은 내용이 포함된다.

생태학 연구에 따르면 모든 생물 종은 하나의 생태적 지위를 차지하고 있다. 또 생태적 지위가 같은 두 종은 결코 공존하지 못한다. 치열한 경쟁이 일어나 결국은 하나의 종이 멸종하기 때문이다. 이와 같은 최근의 생태학 연구는 다윈의 설명을 더욱 설득력 있는 것으로 만들어 준다.

불완전한 박물관

다윈은 다시 질문을 던진다.

"그렇다면 지금까지의 진화 과정에 존재했던 수많은 이행형들이 지각 속에 묻혀 있는 수많은 화석으로 발견되지 않는 까닭은 무엇인가?"

그 답은 지질학의 기록이 우리가 흔히 생각하는 것보다 훨씬 더 불완전하다는 것이다.*

지질학의 기록이 불완전한 데에는 몇 가지 이유가 있다. 가장 중요한

*다윈에게 진화는 꾸준히 일어나는 일이었다. 하지만 현대의 진화론에서는 종의 분화가 비교적 빠른 속도로 일어나며, 진화 과정이 완만한 시기와 급격한 시기로 나뉜다는 주장이 힘을 얻고 있다. 이 이론에 따르면 지질학 기록이 완전하다고 해도 이행형은 쉽게 발견되지 않는다. 이런 주장에 대한 내용은 이 책 15장 '다윈이 살아 있는 실러캔스를 볼 수 있었다면'에서 다룰 것이다.

것은 대부분의 생물이 깊은 바다에 살지 않는다는 것이다. 또 생물의 유해가 파묻혀서 오랫동안 보존되는 것은 매우 넓고 두터운 퇴적물로 덮여서 그 뒤에 일어나는 어마어마한 붕괴와 침식 작용을 견딜 수 있을 때뿐이다. 그리고 이렇게 화석을 포함한 물질이 축적되는 것은 얕은 바다 밑바닥에 많은 양의 퇴적물이 쌓이고 그것이 쌓이는 동안 줄곧 침강할 때뿐이다. 이런 우연이 겹치는 경우는 극히 드물다. 그리고 이런 일은 엄청나게 긴 시간 간격을 두고 드문드문 일어난다. 바다 밑바닥이 안정되어 있거나 솟아오르고 있을 때, 또는 매우 적은 양의 퇴적물만 쌓일 때 지질학의 역사는 공백으로 남는다. 지각은 거대한 박물관이지만, 자연의 수집 활동은 매우 긴 시간 간격을 두고 불완전하게 이루어지는 것이다.

밍크와 하늘다람쥐

이번에는 두 번째 문제, 즉 박쥐처럼 매우 특수한 습성과 구조를 가진 생물이 어떻게 생겨났는가 하는 물음에 대한 다윈의 답을 확인해 보자.

내 의견에 반대하는 사람들은 이렇게 묻곤 했다. 예를 들어 육지에서 사는 육식 동물이 어떻게 물에서 사는 습성을 가질 수 있었다는 말인가, 그리고 그 이행 단계의 동물은 어떻게 살았는가. …… 아메리카 밍크(학명 *Mustela vison*)를 보라. 이 동물의 발에는 물갈퀴가 있으며, 털가죽과 짧은 다리, 꼬리의 모양은 수달과 비슷하다. 여름 동안 이

매우 특수한 습성과 구조를 가진 생물이 어떻게 생겨났을까?
물갈퀴가 있는 아메리카밍크(위)와 날개막이 있는 하늘다람쥐(아래).

들은 물속으로 자맥질해 들어가 물고기를 잡아먹는다. 하지만 긴 겨울 동안은 얼어붙은 물을 떠나 다른 족제비들처럼 생쥐 같은 육상 동물들을 잡아먹는다.

다윈이 보기에 아메리카밍크와 같은, 물에서 사는 종과 뭍에서 사는 종의 중간적인 형태를 찾는 것은 쉬운 일이었다. 이에 비해, 벌레를 먹는 네발짐승*이 어떻게 날개 달린 박쥐로 변할 수 있었는가 하는 것은 훨씬 더 어려운 문제였다. 다윈은 우선 다람쥣과의 동물을 예로 들어 실마리를 풀어 나간다.

다람쥣과에는 꼬리가 약간 납작하거나 몸의 뒷부분이 넓고 옆구리 살이 통통한 것에서 하늘다람쥐에 이르기까지 조금씩 차이가 나는 다양한 동물들이 있다. 그런데 하늘다람쥐의 경우는 네 다리와 꼬리 밑 부분이 넓게 퍼진 피부**로 결합되어 있다. 이 피부는 낙하산처럼 작용해서 하늘다람쥐가 이 나무 저 나무로 놀랄 만큼 먼 거리를 활공할 수 있도록 해 준다. 다람쥐들에게는 저마다 자신이 사는 곳에서 포식자들을 피하거나 먹이를 빨리 모으거나 땅으로 떨어지지 않도록 해 주는 유용한 구조가 있다. 하지만 그렇다고 해서 그들의 구조

*식충류, 즉 식충목(食蟲目)의 동물들을 가리키는 말이다. 포유류의 한 목인 식충목은 몸이 작고 주둥이가 길쭉하며 대개 야행성으로 주로 벌레를 잡아먹는다고 해서 이런 이름이 붙었다. 두더지, 고슴도치, 땃쥐 등이 여기에 속한다.

**이것을 날개와 같은 피부막이라고 해서 날개막〔익막(翼膜)〕, 또는 비막(飛膜)이라고 한다. 이런 날개막을 가진 동물로는 박쥐, 날다람쥐, 하늘다람쥐, 가죽날개원숭이, 날도마뱀 등이 알려져 있다.

가 모든 환경에서 가장 바람직한 것이라고는 할 수 없다. 서식지의 기후와 식물들이 변화하거나, 경쟁 관계에 있는 다른 설치류 또는 새로운 포식자가 이주해 오거나, 그곳에 있던 동물들이 변화한다면 어떨까? 다람쥐들도 그 변화에 발맞추어 변하고 구조가 개선되지 않는 한, 감소나 멸종의 길을 걸을 것이다. 따라서 나는, 특히 변화하는 생활환경하에서는, 다음과 같은 결론을 내리는 데에 아무 어려움도 없다고 본다. 점점 더 넓은 옆구리 피부막을 가진 개체들이 살아남는 일이 계속되면서 유용한 변이를 나타내는 개체의 수가 늘어나고, 이런 자연선택 과정이 축적된 결과 완전한 하늘다람쥐가 생겨났다는 것이다.

박쥐와 가죽날개원숭이

다윈은 계속해서 가죽날개원숭이*에 대해 이야기하고 있다. 이 동물에 가죽날개라는 이름이 붙은 것은 털 밑에서 네 다리 끝과 꼬리 끝에 이르기까지 날개막이 발달해 있기 때문이다. 가죽날개원숭이는 하늘다람쥐나 날다람쥐보다 넓은 날개막이 있어서 높은 나무에서 약 150미터나 활공할 수 있다.

이제는 과거 박쥐로 잘못 분류되어 있던 가죽날개원숭이에 대해 살

*박쥐원숭이라고도 한다. 현재 가죽날개원숭이는 가죽날개목(皮翼目)으로 분류된다. 이들은 여우원숭이와 얼굴이 비슷해서 원숭이라는 이름을 얻었지만, 가죽날개목은 계통적으로 식충목과 박쥐목의 중간에 위치하므로 영장목의 원숭이와는 거리가 먼 동물이다.

펴보자. 이 동물에게는 매우 넓은 날개막이 있다. …… 나는 가죽날개원숭이들이 지금은 비록 다양한 정도로 공중을 활공하기에 적합한 구조를 가진 친척들과 연결되어 있지 않지만, 과거에는 그런 이행형들이 존재했으며, 그들도 현재 활공 능력이 불완전한 다람쥐들에서 볼 수 있는 것과 같은 단계를 거쳐서 생겨났을 것이라고 생각한다. …… 그 날개막으로 연결된 가죽날개원숭이의 발가락과 전완(前腕)* 부분은 자연선택에 의해 매우 길게 늘어났을 것이다. 그 결과 그 동물의 날개만큼은 분명 박쥐와 같은 것으로 변할 수 있었을 것이다.

다윈은 다시 펭귄처럼 물속에서는 날개를 지느러미로 사용하고 땅 위에서는 앞다리로 사용하거나 타조처럼 날개를 돛으로 사용하는 경우에 대해 이야기한다. 똑같은 기관이라도 생활환경에 따라 얼마든지 특수한 형태로 변할 수 있으며, 특이한 습성을 가질 수 있다는 것이다.

그는 또 지느러미를 퍼드덕거리면서 공중으로 뛰어올라 멀리 활공하는 날치의 예를 들면서, 이런 물고기에서 완전한 날개를 가진 동물이 생겨났을 수도 있다고 이야기한다. 그리고 이렇게 묻는다. 그런 일이 정말 일어났다고 해도, (날치와 비슷한) 초기의 이행형들은 단지 다른 물고기에게 잡아먹히지 않기 위해 그 발달

* 사람의 아래팔에 해당하는 부분이다.

한 비행 기관을 사용했을 뿐이라는 사실을 누가 상상이나 할 수 있었을까?

물론 짧은 시간에 우리 눈이나 날개처럼 완벽하고 놀라운 구조를 가진 기관이 생겨났다고 할 수는 없다. 하지만 자연선택은 세대를 거듭하면서 계속 더욱 유리한 구조를 걸러 내는 체와 같은 역할을 해 왔다. 『종의 기원』 6장에서 다윈은 매우 설득력 있는 다양한 예를 통해 자연선택 이론을 받아들이는 데에 장애가 되는 의문들에 답을 하고 있다.

모든 동물은 천재이다

본능이란 무엇인가? 본능의 사전적 정의는 '학습이나 경험에 의하지 않고 선천적으로 가지고 있는 동물의 행동 양식이나 능력'이다.

한 번도 위협받은 적이 없는 갓난아기도 험상궂은 얼굴과 거친 목소리 앞에서는 울음을 터뜨린다. 배우지 않고도 위험이 다가오는 것을 알고 보호자를 부르는 적절한 행동을 하는 것이다. 그래서 나는 가끔 "천재의 기준이 배우지 않고도 아는 것이라면 모든 사람이 천재이다."라고 말하곤 한다. 물론 이때 내가 이야기하는 천재성은 본능의 다른 이름이다.

그러고 보면 사람뿐만 아니라 철새들도 모두 천재이다. 태어나서 한 번도 시간이나 지리에 대해 배운 적이 없는데도, 때가 되면 정확하게 어느 방향으로 얼마만큼 날아가야 하는지 알기 때문이다. 도형을 배우지 않고도 쇠똥을 정확한 공 모양으로 빚는 쇠똥구리들, 아름답고 튼튼한 그물을 짜는 거미들도 모두 천재라고 할 수 있다. 자기 몸을 돌보지 않고 어린 새끼들을 돌보는 동물들의 모성과 부성은 또 얼마나 놀라운가? 이렇듯 본능은 참으로 신비롭게 느껴진다.

본능과 DNA

동물이 태어날 때부터 그렇게 특수한 것들을 알고 행동에 옮길 수 있다는 것은 무슨 의미일까? 모든 동물의 출발점이 되는 세포, 즉 수정란에 이미 어떠한 행동을 해야 한다는 정보가 들어 있다는 뜻이다. 그렇다면 그 정보는 수정란 속 염색체의 DNA*에 저장되어 있을 것이다.

행동과 관련된 유전자에 대한 연구는 꾸준히 이루어지고 있다. 하지만 동물의 본능적 행동을 지시하는 유전 정보가 어떻게 저장되어 있는가, 그리고 그 정보가 어떻게 행동으로 나타나는가에 대해서는 아직 알려진 내용이 많지 않다.

다윈의 시대에는 이런 연구가 아직 출발선에도 서 있지 못했다. 그런데도 그는 최선을 다해서 신비롭게만 느껴지는 동물의 본능에 대해 연구했다.

"복잡한 노랫가락에 맞춰 지저귀는 새들을 보라. 정교한 집을 짓는 꿀벌들을 보라. 얼마나 신비로운가. 그것은 하늘로부터 부여받은 재능이다. 본능은 자연선택 같은 일과는 아무 관계도 없다."

다윈은 사람들이 이렇게 생각하리라는 것을 잘 알고 있었다. 그래서 다윈은 7장 '본능'에서 그 이야기를 꺼냈다.

본능의 문제는 앞에서 다루었어야 하는 것인지도 모른다. 하지만 나

*DNA는 디옥시리보 핵산(Deoxyribo-Nucleic Acid), 즉 핵산의 한 종류로서 유전자의 본체이다. 이 책 14장 '노새와 라이거의 불임'을 참고할 것.

는 이 문제를 따로 다루는 편이 좋을 거라고 생각했다. 특히 꿀벌이 집을 짓는 놀라운 본능 같은 것은 내 이론을 송두리째 뒤집을 수 있을 만큼 어려운 문제라고 생각하는 독자가 많을 것이기 때문이다. 한 가지 미리 밝혀 둘 것은, 정신적인 능력이 처음에 어떻게 생겨났는가 하는 문제는 여기에서 다루지 않을 것이라는 점이다. 이 책에서 생명의 기원을 다루지 않는 것과 마찬가지이다. 우리는 오직 같은 강(綱)에 속하는 여러 동물이 지닌 다양한 본능과 정신적 특성에만 관심을 기울일 것이다.

습성과 본능, 노래와 그물 침대

이렇게 본능을 다루는 이유와 다룰 범위 등을 밝힌 뒤, 다윈은 습성과 본능에 대해 이야기한다. 동물이 먹이를 찾거나 짝짓기를 하거나 집을 짓는 등의 일을 할 때, 같은 종에 속하는 모든 개체들이 공통적으로 나타내는 행동 양식을 습성이라고 한다. 다윈은 이런 습성과 본능 사이에 비슷한 점이 있음을 깨달았다.

우리가 잘 아는 노래를 외워서 부를 때처럼, 본능에 따른 행동을 할 때에도 어떤 리듬이 있다. 사람들은 노래를 부르거나 무언가를 암송하는 도중에 방해를 받으면, 대부분 익숙한 줄거리를 되찾기 위해 다시 앞으로 돌아가야 한다. P. 위베르는 매우 복잡한 그물 침대*를 만

* 애벌레가 번데기로 변할 때 실을 내어 짓는 집, 즉 고치를 이르는 말이다. 고치의 모양은 종에 따라 매우 다양하다. 이 경우는 고치를 그물 침대(해먹) 모양으로 짓는다는 뜻이다.

드는 어떤 애벌레에게서도 이런 일이 일어난다는 것을 알게 되었다. 그 애벌레는 그물 침대를 모두 여섯 단계에 걸쳐 완성하고 있었다. 위베르는 6단계까지 모두 완성한 애벌레를 잡아서 3단계까지 만들어진 그물 침대에 집어넣었다. 그러자 애벌레는 간단히 4, 5, 6단계를 다시 반복했다. 이번에는 3단계까지 완성된 그물 침대에서 애벌레를 꺼내 6단계까지 거의 완성된 그물 침대에 집어넣었다. 그랬더니 애벌레는 기꺼이 행운을 받아들이기는커녕, 매우 당황하면서 자기가 떠나 온 3단계부터 일을 다시 시작해야 한다는 듯이, 이미 마무리 지은 일을 새삼스레 완성하려고 애쓰는 것이었다.

다윈의 이 이야기는 컴퓨터를 사용하다가 중간에 갑자기 정전이 되는 경우를 연상시킨다. 정전이 된 후 전기가 다시 들어왔을 때, 정전되는 순간 사용하던 프로그램의 바로 그 부분이 그대로 다시 떠서 사용할 수 있다면 얼마나 편리할까? 하지만 지금 우리는 대부분 다시 전원을 켜고 비정상적으로 끝낸 적이 있다는 경고와 함께 시스템 검사를 받고, 운영 체계를 가동시키고 난 후에야 비로소 사용하던 프로그램에 들어갈 수 있다. 순서를 밟아 처음부터 다시 시작해야 한다는 뜻이다. 동물의 행동도 이렇게 순서에 따라 잘 짜여진 프로그램에 의해 일어나는 것은 아닐까?

본능이라는 컴퓨터 프로그램

우리가 사용하는 대개의 시디롬은 컴퓨터에 집어넣기만 하면 자동 실행된다. 집어넣기만 하면 바로 프로그램이 돌아가도록 미리 정해 두었기 때문이다. 이 경우, 컴퓨터에 시디롬을 집어넣는 단순한 일이 프로그램의 실행이라는 복잡한 일을 이끌어 낸다고 할 수 있다. 동물의 행동도 비슷하다.

구애의 춤을 추는 새를 생각해 보자. 그 춤은 매우 복잡한 순서에 따라 근육이 정교하게 움직여야 한다. 우리 눈에는 수컷들이 춤의 순서를 모두 외우고 있다가 때가 되면 암컷에게 잘 보이겠다는 '생각'에 열심히 춤을 추는 것처럼 보인다. 이는 물론 사람의 시각이다. 하지만 똑같은 행동도 다르게 해석할 수 있다.

번식기에 접어든 수컷은 암컷을 만나기만 하면 구애의 춤을 추기 시작한다. 암컷을 만난 일이 춤을 추기 위한 최소한의 자극이라는 뜻이다. 그리고 이 일은 시디롬을 컴퓨터에 집어넣는 일에 해당한다. 그런데 춤을 추기 위해 필요한 모든 근육의 움직임이 새의 신경계에 미리 저장되어 있다고 하자. 마치 시디롬에 수많은 정보가 저장되어 있듯이. 그러면 암컷의 등장이라는 자극에 의해 그 정보가 읽혀 행동이 나타난다고 할 수 있다. 여기에 '생각'이나 '의지'는 없다.

동물 행동학에서는 미리 저장되어 있는 행동 양식을 가리켜 '고정된 행동 패턴'이라고 한다. 그리고 비교적 단순한 자극만으로도 고정된 행동 패턴을 얻을 수 있다고 한다. 어린 새끼의 벌어진 입을 보고 먹이를 구해 와서 새끼의 입에 넣어 주는 어미 새의 행동도 이런 최소한의 자극에 의해 고정된 행동 패턴이 나타났기 때문일 것이다.*

일벌은 공주벌

다윈은 생물이 사는 동안 획득한 형질도 유전된다고 믿었다. 그래서 습성이 유전되는 경우도 있다고 했다. 하지만 그러면서도 대부분의 본능이 습성에 의해 한 세대 동안 획득되어 다음 세대에 유전된다는 생각은 잘못이라고 보았다.

다윈은 일벌, 일개미의 본능을 예로 들어 이 문제를 설명하고 있다. 일벌이나 일개미는 생식 능력이 없는 암컷들이다. 하지만 이들은 모두 여왕벌이나 여왕개미가 낳은 알에서 태어난다. 여왕의 딸이니 모두가 공주이다. 반대로 일벌이나 일개미가 여왕을 낳는 일은 없다.

생식 능력이 없는 일벌이나 일개미가 생활하면서 얻은 습성이 생식 능력이 있는 벌이나 개미에게 전달될 만한 방법은 없다. 그런데도 여왕벌과 여왕개미는 그런 본능을 가진 일벌, 또는 일개미를 낳는다.** 이를 통해서 다윈은 본능이 습성에 의해 획득되는 것이 아님을 확신할 수 있었다.

* 고정된 행동 패턴이 모두 유전되는 본능이라고 할 수는 없다. 본능에 의해서만 나타나는 것처럼 보이는 행동도 '문화적인 전달' 과정을 거치는 경우가 많기 때문이다. 예를 들어, 새들이 자기 종만의 독특한 노래를 할 수 있는 본능을 갖고 태어나는 것은 사실이지만, 그 노래의 자세한 부분은 다른 새들(같은 종)의 노래를 따라하면서 배워야 하는 경우가 많다.

** 일벌과 여왕벌은 같은 유전자를 가진 같은 수정란에서 태어난다. 하지만 먹을 것 등 환경의 차이로 전혀 다른 모습을 갖게 되는 것이다. 일벌은 페로몬의 영향으로 생식기의 발육이 억제된다.

본능과 자연선택

충분히 뜸을 들인 뒤, 다윈은 본능이 자연선택에 의해 형성될 수밖에 없는 이유를 이야기한다.

> 각 생물 종의 번영을 위해서 본능이 신체 구조만큼이나 중요한 의미가 있다는 데에는 대체로 수긍할 수 있을 것이다. 생활 조건이 변한다면 본능이 조금 변하는 것으로도 그 종에 이익을 줄 수 있다. 그리고 만일 본능이 조금이라도 변한다는 것을 증명할 수 있다면, 자연선택에 의해 본능의 변이가 보존되고 끊임없이 축적될 수 있다고 할 수 있다.
>
> 경미하지만 이익이 되는 수많은 변이가 점진적으로 축적되는 경우에만 자연선택에 의해 복잡한 본능이 생겨날 수 있다. 따라서 신체 구조와 마찬가지로 본능의 경우에도, 자연 상태에서 복잡한 본능이 획득되는 이행 단계를 직접 관찰하려 할 것이 아니라(이런 이행 단계는 각 종의 직계 조상에서만 볼 수 있으므로), 여러 갈래로 갈라져 나간 계통 속에서 이런 점진적 변화를 나타내는 증거를 찾아야 한다. …… 우리는 분명 그렇게 할 수 있다. 유럽과 북아메리카 지역을 제외하면 동물의 본능에 대한 관찰이 거의 이루어지지 않고 있으며, 멸종한 종의 본능은 확인할 수가 없는데도 불구하고, 지극히 복잡한 본능을 이끌어 내는 단계들이 많이 발견된다는 사실은 내게 커다란 놀라움을 주었다.

개미와 진딧물

다윈은 생물 종의 본능이 자신의 이익을 위한 것이라고 보았다. 그리고 본능이 결과적으로 다른 종에게 이익이 될 수는 있지만 다른 종의 이익을 위해서만 생기는 것은 아니라는 점을 강조하기 위해 개미와 진딧물의 예를 들고 있다.

진딧물이 자진해서 개미에게 단물을 주는 일은 다른 종에게만 이익이 되는 행동을 하는 예로 널리 알려져 있다. 이 행동이 자발적이라는 것은 다음 사실에 의해 증명된다. 나는 소리쟁이*에 달라붙은 여남은 마리의 진딧물 무리에서 개미들을 모두 치워 버린 다음 몇 시간 동안 개미들의 접근을 차단했다. 나는 그 정도 시간이면 진딧물들이 단물을 내놓을 거라고 생각했다. 그래서 한참 동안 돋보기로 들여다보았지만 진딧물들은 한 마리도 단물을 내지 않았다. 이번에는 최대한 개미를 흉내 내서 머리카락으로 진딧물을 간질이고 쓰다듬어 보았다. 그래도 진딧물들은 요지부동이었다. 그 뒤 개미 한 마리의 접근을 허락했다. 개미는 그 진딧물들이 풍부한 단물을 갖고 있다는 것을 알아차린 듯 이리저리 돌아다니면서 더듬이로 진딧물의 배를 건드리기 시작했다. 진딧물들은 개미의 더듬이를 느끼자마자 배를 들어 올리고 맑은 단물을 내놓았다. 개미는 그것을 열심히 받아먹었다. 아주 어린 진딧물들도 똑같은 행동을 보여 주었다. 그 행동이 본능이

*마디풀과의 여러해살이풀, 소루쟁이라고도 한다.

지 경험의 결과가 아니라는 뜻이다. 하지만 그 단물은 너무 끈적거려서 진딧물로서도 없애는 편이 나을 것이다.* 따라서 진딧물들이 오로지 개미의 이익만을 위해서 그런 본능을 가졌다고는 볼 수 없다.

본능이 자기 종의 이익을 위한 것이라면 본능의 변이는 분명히 자연선택의 대상이 될 수 있을 것이다. 『종의 기원』 7장의 뒷부분에서는 자연 상태에서 본능이 선택에 의해 변화한다는 것을 보여주는 생생한 사례들이 이어진다.

* 다윈 이후에 이루어진 연구 결과에 따르면 개미가 없어도 진딧물들은 끈끈한 단물을 떨어낼 수 있다고 한다. 개미와의 관계에서 진딧물이 얻는 가장 중요한 이익은 진딧물을 잡아먹는 곤충들로부터 보호받는 것이다.

빼꾸기, 개미, 꿀벌의 특별한 본능 13

다윈은 『종의 기원』 7장의 뒷부분에서 특별한 본능을 가진 동물들의 사례를 들어 놓았다. 모두가 매우 흥미로운 내용들이다. 다윈의 생생한 육성에 귀기울여 보자.

> 다음 몇 가지 경우를 깊이 생각해 보면 자연 상태에서 선택에 의해 본능이 어떻게 변하는가를 이해할 수 있을 것이다. …… 이와 관련하여 많은 사례가 있지만 여기에서는 세 가지만 들기로 한다. 뻐꾸기가 다른 새의 둥지에 알을 낳는 본능, 몇몇 개미가 노예를 부리는 본능, 꿀벌이 벌집을 만드는 능력이 그것이다.

어미뻐꾸기를 위한 변명

"뻐꾹…… 뻐꾹……."

산에서 들려오는 뻐꾸기의 청아한 울음소리*는 우리 마음을 맑게 해 준다. 하지만 어미뻐꾸기를 생각하면 그런 느낌이 싹 걷힐

* '뻐꾹…… 뻐꾹……' 하는 울음소리는 수컷 뻐꾸기가 암컷을 부르고 자기 영역을 주장하는 소리이다. 뻐꾸기 암컷들은 이렇게 고운 소리로 울지 않는다.

수도 있다. 뻐꾸기는 제 새끼를 돌보지 않고 남에게 맡겨 버리는 고약한 새로 알려져 있기 때문이다.* 새끼뻐꾸기도 이에 못지않다. 알에서 깨어나자마자 한 둥지에 있는 알과 새들을 밖으로 밀어 떨어뜨리는 본능으로 미움을 사고 있기 때문이다. 그런데 다윈은 뻐꾸기의 탁란(托卵) 본능에도 이유가 있다고 말한다.

> 뻐꾸기의 본능은 그들이 많은 알을 2,3일씩 간격을 두고 낳는 데에 직접적인 원인이 있다고 알려졌다. 뻐꾸기가 스스로 둥지를 만들고 알을 품어야 한다면, 한 둥지에 나이 차이가 많은 알과 새끼들이 함께 있게 된다는 것이다. 그러면 산란과 부화의 과정이 길어지는 문제가 생긴다. 어미뻐꾸기는 매우 이른 시기에 이동해야 하기 때문에 이 일은 특히 더 문제가 된다……. 이런 곤경에 놓여 있는 것이 아메리카뻐꾸기(노랑부리뻐꾸기)이다. 이들은 다른 뻐꾸기와 달리 스스로 둥지를 만들고 알과 부화한 새끼들을 함께 거느리고 있기 때문이다. …… 다른 새의 둥지에 알을 낳는 유럽 뻐꾸기의 먼 조상이 아메리카뻐꾸기와 같은 습성을 갖고 있었는데 그들도 이따금씩 다른 새의 둥지에 알을 낳았다고 상상해 보자. 어미뻐꾸기가 이런 습성에서 이익을 얻었다면, 또 새끼뻐꾸기가 다른 어미의 착각에 의한 모성 본능 때문에, 여러 새끼들을 함께 키우는 제 어미와 함께 있을 때보다 더 튼튼해졌다면, 어미와 새끼 모두 유리한 입장이 될 수 있었을 것이

* 어미뻐꾸기들이 제 새끼를 버리는 것은 아니다. 그들은 새끼를 잊지 않고 다시 찾는다.

바위종다리 둥지에서 자라고 있는 뻐꾸기 새끼.
먹이를 물어다 주는 어미보다 덩치가 크다

다. 그렇다면 이런 추리가 가능하다. 그 과정을 거쳐 자란 새끼뻐꾸기는 이따금씩 어미가 보여 준 특이한 습성을 가질 유전적 경향을 갖고 있으므로, 어미처럼 다른 새의 둥지에 알을 낳아 새끼를 키울 가능성이 크다는 것이다. 나는 이런 과정이 계속되면 뻐꾸기의 이상한 본능이 생겨날 수 있으며, 그 일이 실제로 일어났다고 믿는다.

개미들의 노예 제도

프랑스 작가 베르베르의 장편 소설 『개미』에서는 현미경으로 들여다보기라도 한 듯한 개미의 세계를 만날 수 있다. 그 세계에서 우리는 페로몬*으로 자연스럽게 대화하는 개미들을 보고 잠시 한 마리 개미가 되어 보기도 한다. 이제 여러분은 다윈의 이야기를 통해서, 개미의 놀라운 세계가 소설 속에서만 존재하는 것이 아님을 알게 될 것이다.

노예를 거느리는 진기한 본능은 개미의 한 종류인 '포르미카 루페스켄스(*Formica rufescens*, 붉은색을 띤 개미라는 뜻)'에서 처음 발견되었다. 발견자는 스위스의 P. 위베르이다. 이 개미는 모든 생활을 노예에 의존하고 있어서, 그들의 도움이 없으면 한 세대도 지나지 않아 멸종하고 말 것이다. 이 종의 수개미와 생식 능력이 있는 암개미는 전혀 일을 하지 않는다. 생식 능력이 없는 암개미는 부지런하고 용감

*동물의 몸에서 분비되어 같은 종의 개체 사이에 특유한 행동이나 생리 작용을 일으키는 화학 물질, 의사소통의 수단이 된다.

하게 노예 사냥을 하지만 다른 일은 하지 않는다. 집을 짓지도, 애벌레를 기르지도 못한다. 이사를 할 때에도 노예들이 모든 것을 결정해서 주인들을 턱으로 물어 옮길 정도이다. 주인들이 얼마나 무력한가는 다음 사실로 알 수 있다. 위베르는 루페스켄스 30마리를 노예와 떼어 놓은 다음 가장 좋아하는 먹이를 주고, 일을 하도록 자극하기 위해서 애벌레 · 번데기와 함께 가두었다. 그러나 이 개미들은 아무 일도 하지 않았다. 스스로 먹을 수조차 없어 굶어죽는 것도 많았다. 위베르는 여기에 노예 개미(곰개미, *Formica fusca*) 한 마리를 넣어 주었다. 그러자 노예 개미는 바로 일을 시작해서 살아남은 것들에게 먹이를 주어 목숨을 구했다. 또 작은 방을 만들어 애벌레를 돌보는 등 모든 일을 제대로 돌려놓았다. 이보다 더 기이한 일이 어디 있을까? 만일 노예를 만드는 또 다른 개미를 알지 못했다면, 이 놀라운 본능이 어떻게 완성되었는지 추측할 수 없었을 것이다. ……

또 다른 개미, '포르미카 상귀네아(*Formica sanguinea*, 핏빛의 개미라는 뜻)'가 노예를 부린다는 사실을 처음 발견한 사람도 위베르였다. 이 개미는 영국 남부 지방에서도 발견된다. …… 나는 영국의 포르미카 상귀네아를 직접 관찰하기 위해서 그들의 집을 열네 군데나 파보았다. 그 모든 곳에 노예가 있었다. 하지만 그 노예 중에 수컷이나 생식력이 있는 암컷은 한 마리도 없었다. 노예 개미는 붉은빛을 띤 주인과 달리 검은색이고, 몸집도 절반에 불과하므로 얼핏 보아도 큰 차이가 있었다. 하지만 집을 조금 무너뜨렸더니 노예들은 즉시 밖으로 나와 주인들과 똑같이 흥분해서 집을 지켰다. 집을 좀 더 무너

뜨려서 애벌레와 번데기들을 밖으로 내놓자 노예는 주인과 힘을 합쳐서 그들을 안전한 장소로 옮겼다. 노예는 완전히 자기 집에 있는 것처럼 느끼고 있는 듯했다. 나는 지난 3년간 6, 7월에 걸쳐 영국의 서리와 서섹스 지방에서 많은 개미집을 몇 시간 동안이고 지켜보았다. 집을 드나드는 노예는 한 마리도 없었다. …… 반면 주인들은 집 지을 재료와 갖가지 먹이를 끊임없이 실어 나르고 있었다. 하지만 올해 7월 나는 유난히 많은 노예를 거느린 무리를 발견했다. 그 무리에서는 노예가 주인들과 함께 집을 나와, 20미터 정도를 행진해서 진딧물을 찾아 커다란 나무에 오르는 것이 관찰되었다. 위베르에 따르면 스위스에서는 많은 노예 개미가 주인들과 함께 집을 짓는다고 한다. 또 아침저녁으로 문을 여닫는 것도, 진딧물을 찾는 것도 노예의 일이라고 한다. 두 나라의 개미들이 보여 주는 이런 차이*는 영국에서보다 스위스에서 더 많은 노예가 잡히기 때문일 것이다.

다윈은 루페스켄스와 상귀네아 종의 사례를 통해서, 개미들의 노예 제도에는 일정한 차이가 있음을 확인할 수 있었다.

상귀네아 종의 본능적 습성이 루페스켄스 종의 그것과 얼마나 다른지 생각해 보자. 루페스켄스는 스스로 집을 짓지도, 이동을 결정하지도, 자신과 새끼들을 위해 먹이를 모으지도, 먹지도 못한다. 하나부

*영국의 노예 개미들보다 스위스의 노예 개미들이 더 넓은 범위의 일을 하는 것을 말한다.

터 열까지 수많은 노예에 의존해서 생활한다. 이에 비해 상귀네아 종은 훨씬 더 적은 노예를 소유한다. 언제 어디에 새 보금자리를 만들 것인가 하는 것도 주인들이 결정하고, 집을 옮길 때면 주인들이 노예를 운반한다. 노예들은 애벌레를 돌보는 일을 전담하며 노예 사냥은 주인들만 나간다. …… 같은 상귀네아 종이라도 지역에 따라 노예들이 담당하는 일의 범위가 다른데, 영국보다는 스위스의 노예 개미가 더 많은 일을 담당한다.

다윈은 개미들이 보여 주는 노예 소유의 본능이 어떤 단계를 거쳐 생겨났는가에 대해 무리하게 추측할 생각은 없다고 하면서도, 나름대로 자신의 입장을 밝히고 있다.

노예를 만들지 않는 개미도 다른 종의 번데기를 발견하면 집으로 가져가는 것을 볼 수 있다. 먹이로 삼으려는 것이다. 그렇다면 애초에 식량으로 저장된 번데기가 다른 종의 집에서 성충이 된 후 고유한 본능에 따라 그곳에서 일을 할 수도 있다. 만일 이 일이 번데기를 잡아간 종에게 이익이 되었다면, 먹이로 번데기를 모으는 습성이 자연선택에 의해 강화되어, 노예를 기른다는 전혀 다른 목적으로 고정되었을 수도 있다. 그렇게 획득된 노예 소유의 본능은 자연선택에 의해 더욱 강화되고 변화되었고, 그 결과 루페스켄스 종에서 보듯이 비참할 정도로 노예에 의존해서 사는 개미가 생겨나기에 이르렀을 것이다.

위대한 건축물, 꿀벌의 집

다윈은 세 번째 보기로 꿀벌의 집을 들었다. 보잘것없어 보이는 꿀벌들이 어떻게 그렇듯 훌륭한 건축물을 세울 수 있는 것일까?

> 너무도 아름다운 적응성을 보여 주는 벌집의 정교한 구조에 찬탄하지 않는 사람이 있다면 둔감하다고밖에 할 수 없을 것이다. 수학자들은 꿀벌들이 매우 난해한 문제를 해결했다고 한다. 가능한 한 적은 양의 밀랍을 써서 가장 많은 양의 꿀을 저장할 수 있는 방을 만드는 일이 그것이다. 벌집 속의 작은 방들은 적당한 자와 다른 도구들을 갖고 있는 숙련공이라도 그대로 만들기 어려울 것이라고 한다. 그런데도 수많은 꿀벌들은 컴컴한 벌집 속에서 그 일을 해낸다. 어떤 본능으로도 그 모든 각과 평면들을 만들어 낼 수 있을 것 같지 않다. …… 하지만 이런 어려움도 처음에 느껴지는 것처럼 그렇게 큰 것은 아니다. 나는 이 모든 멋진 일이 몇 가지 단순한 본능에 따라 이루어질 수 있음을 증명할 수 있다고 생각한다.

다윈은 꿀벌의 정교한 벌집도 어떤 점진적인 단계를 거쳐 만들어졌을 것이라고 생각했다. 그는 다양한 벌들의 건축 과정을 관찰하고 그것들 사이에서 어떤 연속성을 발견했다. 그 한쪽 끝에는 호박벌*이 있었고, 반대쪽 끝에는 꿀벌이 있었다.

* 벌목 꿀벌과의 곤충이다. 암컷은 4월부터 나타나 땅속이나 나무구멍 등에 집을 짓고 알을 낳는다.

호박벌은 낡은 고치에 꿀을 저장하고 때로는 그곳에 밀랍으로 된 짧은 대롱을 덧붙이기도 하며, 역시 밀랍을 이용해서 따로 떨어져 있는 둥근 방들을 불규칙하게 만든다. 이에 반해 꿀벌은 벌집 속에 육각기둥 모양의 방을 이층으로 쌓는데, 각 방의 한쪽 부분은 3개의 다른 방과 정교하게 맞물려 있다.

다윈은 이 양극단 사이에 멕시코의 벌 '멜리포나 도메스티카(*Melipona domestica*)'가 존재한다는 것을 알게 되었다. 이 벌의 형태는 꿀벌과 호박벌의 중간 정도인데, 밀랍을 이용해서 상당히 규칙적인 벌집을 만들고 있었다. 그리고 그 벌집 속에는 알을 부화시키기 위한 원기둥 모양의 작은 방들과 꿀을 저장하는 좀 더 큰 방들이 있었다.

다윈은 이 꿀을 저장하는 방들에 주목했다. 그것들은 구형에 가깝고, 크기도 거의 같은 것들이 불규칙한 덩어리를 이루며 모여 있었다. 그리고 서로 가까이 붙어 있는 경우에는 마치 꿀벌 벌집 속의 방과 비슷한 구조로 서로 붙어 있어서 적은 양의 밀랍으로도 많은 양의 꿀을 저장할 수 있었다.

이 사실을 곱씹던 중에 나는 다음과 같은 사실에 생각이 미쳤다. 멜리포나가 그 둥근 방을 일정한 간격으로 같은 크기로 만들고, 서로 대칭이 되도록 2층으로 배열한다면, 그 결과는 꿀벌의 집과 비슷한 완전한 구조가 된다는 것이다.

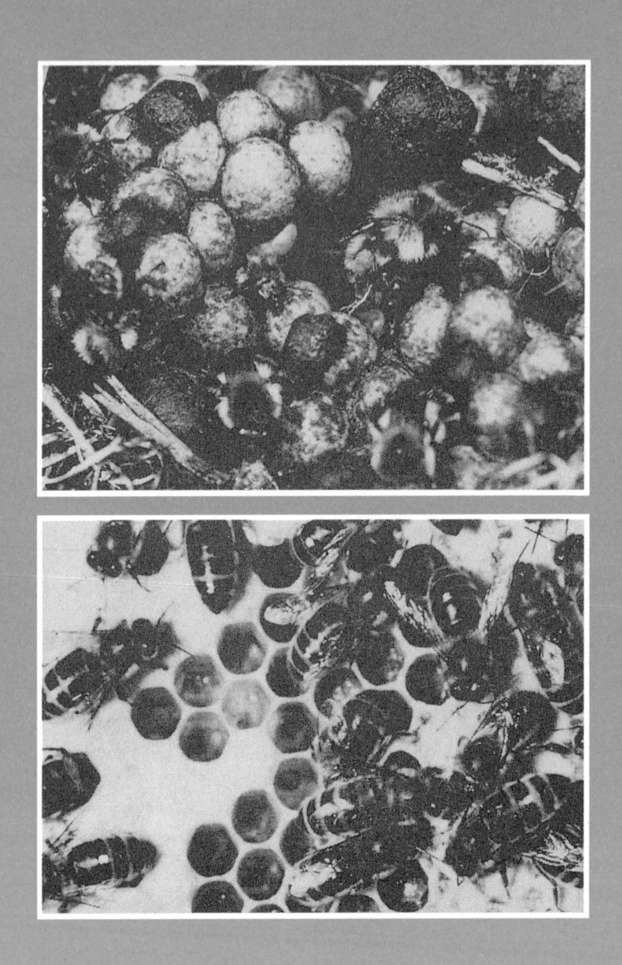

동글동글한 호박벌의 집(위)과 육각형으로 된 꿀벌의 집(아래). 다윈은 이 양극단 사이에 멕시코의 벌, 멜리포나 도메스티카가 있다는 것을 알게 되었다.

다윈은 벌집의 예도 자연선택으로 설명할 수 있다고 보았다. 적은 양의 밀랍으로 많은 꿀을 저장할 수 있다면 벌들에게 매우 이로울 것이기 때문이다. 다윈은 다음과 같은 말로 7장을 끝맺고 있다.

> 나는 이 장에서 동물의 정신적인 특성이 변이하며 그 변이가 유전한다는 것을 보이고자 했다. 그리고 간략하게나마 본능이 자연 상태에서 변이한다는 것을 보이려고 했다. 본능이 모든 동물에게 매우 중요한 의미가 있다는 데에 반대할 사람은 없을 것이다. 따라서 변화하는 생활환경에서 자연선택에 의해 본능의 작은 변화들이 유용한 방향으로 축적된다고 할 수 있다. …… 내 생각에는 뻐꾸기 새끼가 다른 알과 새끼들을 둥지에서 밀어내거나 개미가 노예를 만드는 일을 저마다 부여된(또는 창조된) 본능이 아니라, 번식하고 변이하고 강자가 살고 약자가 죽음으로써 모든 생물을 진보로 이끄는 일반적인 법칙에서 파생된 작은 결과로 보는 편이 훨씬 더 만족스럽다.

14 노새와 라이거의 불임

심리학자 프로이트는 다음과 같은 말을 했다.

> 지금까지 인류는 두 차례에 걸쳐 과학의 손이 그들의 천진한 자기애(自己愛)에 가한 거대한 모욕을 참아내야 했다. 첫 번째는 우리 지구가 우주의 중심이 아니라 거의 상상하기조차 힘든 규모의 대우주 안에 있는 작은 점에 지나지 않는다는 것을 깨달았을 때였다. …… 두 번째는 생물학 연구로 인해 신의 특별한 피조물이라는 특권을 강탈당한 채 동물계의 일원으로 추방당했을 때였다.*

인간 의식의 심연을 깊이 있게 연구한 프로이트다운 말이다. 16~17세기에 걸쳐 코페르니쿠스와 갈릴레이**가 수천 년 동안 사람들의 의식을 지배하던 프톨레마이오스의 천동설(지구 중심설)

*S. J. 굴드, 『다윈 이후』에서 재인용.
**갈릴레이는 지동설의 증거를 발견하고 이를 유포한 혐의로 교회 법정에서 재판을 받고 위법 행위(불복종의 혐의)를 시인해야만 했다. 지동설이 얼마나 커다란 충격을 던져 주었는지를 말해 주는 대목이다. 1642년 갈릴레이가 사망했을 때 교황청에서는 공식적으로 장례를 지내는 것도, 묘비를 세우는 것도 금지했다. 그 뒤 1992년 10월 31일 로마 교황청은 특별재심과학위원회에서 1633년 6월 22일의 종교재판을 재검토한 뒤 잘못을 인정하고 공식적으로 갈릴레이의 완전 복권을 선언했다.

에 의문을 제기하고 지동설(태양 중심설)을 확립했을 때, 사람들은 우주의 중심에서 한구석으로 밀려나면서 자존심에 커다란 상처를 입었다. 그리고 19세기에 두 번째 사건이 일어났다. 다윈이 진화론을 체계화한 『종의 기원』을 발표한 것이다. 이 책에서 다윈 자신은 인류의 진화에 대해 입을 다물었지만, 사람들은 자연선택의 이론이 인류에게도 적용된다는 사실을 금세 깨달았다. 사람들의 자존심은 다시 한 번 무너져 내렸다.

같은 뿌리를 가진 사람과 침팬지

최근의 DNA에 대한 연구 결과는 다윈이 준 충격에 이어 인류에게 다시 결정타를 날렸다고 할 수 있다. DNA는 20세기에 들어와 갑자기 집중 조명을 받기 시작했다. 이 물질이 유전자의 본체라는 것이 밝혀졌기 때문이다. 유전자의 정보가 DNA 분자에 쓰여 있다는 뜻이다.

그런데 사람과 침팬지의 DNA를 분석한 결과, 그 차이가 미미한 것으로 드러났다. 얼마 전까지 그 차이는 대체로 1.5%에서 3% 정도로 알려져 있었는데, 2003년 미국 미시간 주의 웨인주립대 의대에서는 사람 유전자의 99.4%가 침팬지와 일치한다는 연구 결과를 발표하기에 이르렀다. 고작 0.6%밖에 차이가 나지 않는다는 것이다.

웨인 의대는 유전자가 이렇게 비슷하다는 것은 사람과 침팬지가 5백만 년에서 6백만 년 전 같은 조상에서 갈라져 나왔다는 가설을 뒷받침한다고 하면서, 이 연구 결과를 놓고 침팬지를 침팬지 속(Pan)이 아닌 사람속(Homo)으로 분류해야 한다고도 했다.*

현대의 많은 유전학자들은 DNA야말로 진화의 확실한 증거라고 생각한다. 왜일까? 그 이유를 이해하기 위해서는 DNA가 어떻게 유전 정보를 담고 있고, 그것이 어떻게 형질로 나타나는가를 먼저 이해해야 한다.

생명의 사슬

DNA에는 뉴클레오티드라는 기본 단위가 특수한 구조**를 이루며 매우 길게 연결되어 있다. DNA를 이루는 뉴클레오티드에는 모두 네 가지가 있다. 이 네 가지 기본 단위는 A, G, C, T로 나타낼 수 있다. DNA 구조에서는 이 네 가지 단위가 어떤 순서로든 연결될 수 있다. G-T-C-C-G-T-A-T-A-G-A-G…… 이런 식으로 얼마든지 다양하게 배열될 수 있다는 뜻이다.

중요한 것은 이런 배열이 단백질과 매우 밀접한 관련이 있다는 점이다. 단백질은 생물의 몸을 이룰 뿐만 아니라, 생물의 몸에서 일어나는 모든 화학 작용을 일으키는 효소***가 되는 중요한 물질이다. 단백질은 아미노산이라는 기본 단위가 길게 연결되어 이루

* 2003년 5월 20일자 중앙일보에 나온 내용이다.

** 이 구조를 이중 나선이라고 하는데, 1953년 제임스 왓슨과 프랜시스 크릭이 발견했다. 이중 나선이란 두 겹의 나선이라는 뜻이다. DNA의 두 나선을 이루는 기본 단위들은 서로 보완적인 짝을 이루고 있다.

*** 우리 몸에서 일어나는 모든 화학 반응은 효소라는 특별한 단백질에 의해 조절된다. 효소는 아무 반응에나 관여하는 것이 아니라, 한 가지 효소가 한 가지 반응, 또는 매우 비슷한 몇 가지 반응만을 일으킨다. 생물의 모든 세포 속에서는 매우 다양한 효소들이 활동하고 있다.

어진다. 그 아미노산에는 20가지 종류가 있다.

DNA의 네 가지 기본 단위는 아미노산을 가리키는 암호가 된다. 그런데 문제가 있다. 암호는 4가지인데 아미노산이 20가지이기 때문이다. 그렇다면 2가지 뉴클레오티드가 아미노산의 암호가 된다면 어떨까? A로 시작하는 암호 AA · AG · AC · AT와 G로 시작하는 암호 GA · GG · GC · GT, 그리고 C로 시작하는 CA · CG · CC · CT와 T로 시작하는 TA · TG · TC · TT가 있어서 모두 16가지 암호가 된다. 하지만 이 경우에도 모든 아미노산의 암호가 되기에는 부족하다.

이제 3개의 뉴클레오티드가 암호가 된다면? A로 시작하는 암호 AAA · AAG · AAC · AAT · AGA······의 16가지, G로 시작하는 암호 16가지, C로 시작하는 암호 16가지, T로 시작하는 암호 16가지를 모두 더하면 64가지 암호가 될 것이다. 20가지 아미노산을 가리키는 암호가 되고도 남는다.

현실에서는 어떨까? 실제로도 3개의 뉴클레오티드로 된 암호*가 한 가지 아미노산을 가리킨다. 그리고 어떤 암호는 유전자의 시작과 끝을 가리킨다. 아미노산이 배열된 순서는 단백질의 성질을 결정하므로, 유전 암호는 생물의 세포 속에서 특수한 단백질을 만드는 정보가 된다.

정리하면 이렇다.

* 이것을 세 개 한 벌의 암호라고 해서 트리플렛 코드(triplet code)라고 한다.

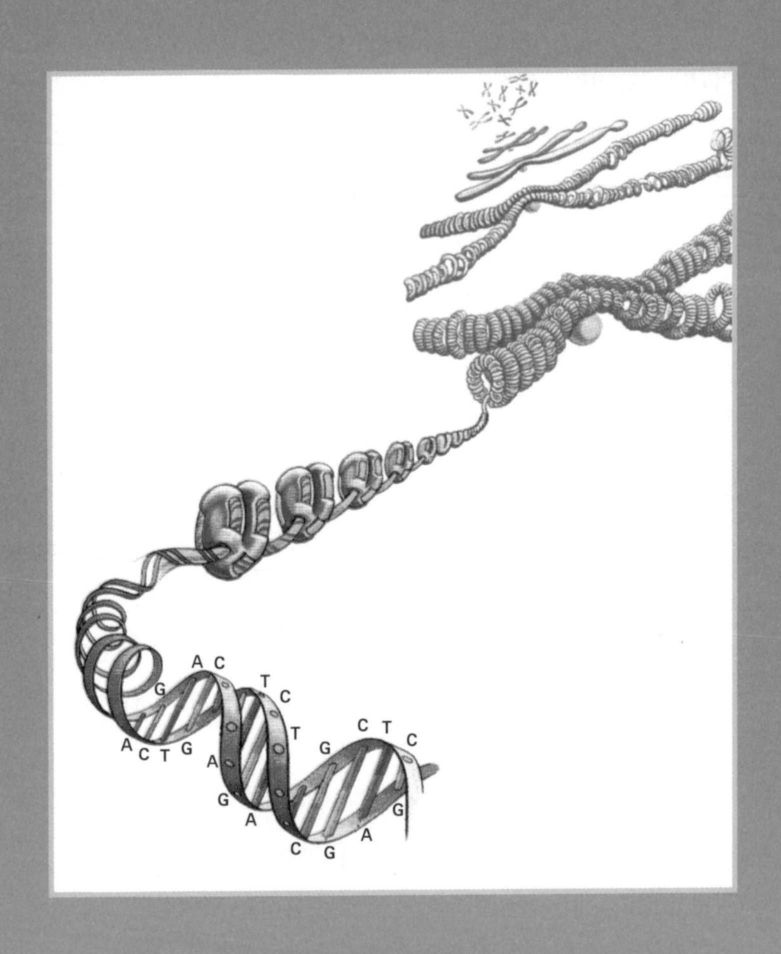

DNA에는 뉴클레오티드라는 기본 단위가 이중 나선을 이루며 길게 연결되어 있다. 생물의 유전자가 들어 있는 염색체는 DNA와 단백질로 이루어져 있다. DNA는 수많은 단위가 두 겹의 나선 모양으로 결합된 커다란 분자로 존재하는데, 그 나선에는 아데닌(A), 구아닌(G), 시토신(C), 티민(T)이라는 네 가지 염기가 다양한 순서로 연결되어 있다. 그 배열 순서가 유전 정보를 전달하는 암호가 된다. 염기 중에서 아데닌(A)은 티민(T)과 시토신(C)은 구아닌(G)과 결합한다.

"DNA에 들어 있는 하나하나의 암호(트리플렛 코드)는 한 가지 아미노산을 나타내는데, 그 암호들이 모여서 이루는 하나하나의 유전자는 한 가지 단백질을 만들기 위한 정보이다. 그 단백질은 생물체를 이루기도 하고, 효소가 되어 화학 반응을 일으키기도 한다. 그리고 그 모든 단백질이 생물의 모든 특징을 결정하게 된다."

그렇다면 이 사실이 진화와 어떤 관계에 있다는 말인가? 여기에서 그냥 지나치기 쉽지만 매우 놀랄 만한 사실을 지적해야겠다. 바로 DNA의 유전 암호가 모든 생물에 공통이라는 사실이다. 눈에 보이지 않는 대장균에서, 하늘로 치솟은 세쿼이아나무, 동물 중에서 가장 크다는 대왕고래, 그리고 사람에 이르기까지 모든 생물은 같은 유전 암호를 사용한다. 이렇게 유전 암호의 내용과 발현 과정이 같다는 것은 모든 생물이 단일한 진화의 경로를 거쳤음을 보여주는 증거라고 할 수 있다.

노새, 라이거, 매머드-코끼리

모든 생물은 DNA에 쓰여진 유전 정보를 여러 개의 염색체에 나누어 갖고 있다. 그런데 생물의 종에 따라 염색체의 수와 구조가 다르다. 유성 생식을 하는 동식물은 염색체의 수가 보통 세포의 절반인 생식 세포(난자, 또는 정자)를 만들어서 번식을 한다.* 그런데 생물 종에 따라 이 염색체의 수와 구조가 다르기 때문에 종과 종

*이렇게 염색체의 수를 반으로 줄여서 생식 세포를 만드는 세포 분열 과정을 가리켜 감수 분열이라고 한다.

사이에는 난자와 정자의 수정이 이루어지지 않고, 따라서 잡종은 태어나지 않는 것이 보통이다.

하지만 종과 종 사이에도 잡종이 만들어지는 경우가 있다. 62개(31쌍)의 염색체를 갖는 당나귀와 64개(32쌍)의 염색체를 갖는 말이 그 예이다. 수탕나귀와 암말 사이에서는 노새라는 잡종이 태어난다. 그런데 노새의 염색체 수는 62개도 64개도 아닌 63개이다. 따라서 노새는 새끼를 낳을 수 없다.

그렇다면 염색체 수가 같은 동물들 사이의 잡종은 어떨까? 이런 동물의 예로 호랑이와 사자를 들 수 있다. 호랑이와 사자는 염색체 수가 38개로 같다. 그리고 사육하는 상태에서는 수사자와 암호랑이 사이에서 라이거라는 잡종을 얻을 수 있다. 하지만 라이거도 자손을 낳지 못한다. 염색체의 수가 같아도 그 구성이 다르고 불안정하기 때문이다.

이미 멸종한 동물인 매머드와 코끼리의 잡종을 만들고자 노력하는 과학자들도 있다. 그들은 만년설 속에 파묻힌 매머드의 생식 세포와 살아 있는 코끼리의 생식 세포를 수정해서 잡종을 얻을 수 있다고 주장한다. 그런데 그 잡종은 57개의 염색체를 갖게 될 것이다. 매머드는 58개, 코끼리는 56개의 염색체를 갖고 있기 때문이다. 그렇다면 매머드와 코끼리의 잡종을 얻는 데 성공한다고 해도 그 동물은 생식 능력이 없을 것이다.

불임을 선택하다

그러면 다윈은 교배와 잡종의 형성에 대해 어떻게 이야기하고 있는지 알아보자.

> 박물학자들은 서로 다른 종을 교배할 때 불임이 되는 것은 모든 생물들이 뒤섞이는 것을 방지하기 위해서라고 생각한다. 이런 견해는 일견 타당해 보인다. 서로 다른 종들이 자유로이 교배할 수 있었다면 같은 지역의 종들이 별개의 것으로 남아 있을 수 없기 때문이다. …… 자연선택설과 관련하여 이 문제는 특히 중요한 의미가 있다. 왜냐하면 잡종의 불임성은 그들에게 이익이 될 수 없으므로, 어떤 이익이 계속 보존됨으로써 획득할 수 있는 것이 아니기 때문이다.

다윈은 생물의 유전과 생식 현상에 대해 잘 알지 못했고, 따라서 종 사이에서 태어난 잡종이 불임이 되는 정확한 원인도 알 수 없었다. 다윈의 이론을 비판하는 사람들은 불임은 전혀 이익이 되지 않는 특성이므로 자연선택에 의해 생겨날 수 없을 것이라고 생각했다. 그리고 서로 다른 종이 교배되지 않는 것은 애초에(창조되면서부터) 그런 성질을 부여받았기 때문이라고 보았다. 하지만 다윈의 생각은 달랐다. 그는 잡종의 다양한 사례를 든 뒤에 다음과 같이 이야기하고 있다.

> 이 복잡하고도 기묘한 규칙들은, 단순히 자연계에서 서로 다른 종이

뒤섞이는 것을 방지하기 위해서 잡종에 불임성이 부여되었다는 뜻일까? 나는 그렇게 생각하지 않는다. 서로 뒤섞이는 것을 방지할 필요성은 어느 종에서나 똑같을 텐데, 서로 다른 종을 교배했을 때 불임의 정도가 다른 것은 무슨 까닭일까? …… 또 어째서 잡종이 태어날 수 있는가 하는 점도 의문이 아닐 수 없다. …… 내게는 앞에서 말한 규칙과 사실들이 다음과 같은 점을 지적하는 것처럼 보인다. 종 사이에 교배가 일어나지 않거나 잡종이 불임이 되는 것은 교배된 종의, 특히 그 생식 기관계의 알려지지 않은 차이에 의해 나타나는 현상이라는 것이다.

'생식 기관계의 알려지지 않은 차이'라는 말에서 알 수 있듯이, 다윈은 자신의 한계를 정확히 깨닫고 있었다. 그는 유전의 법칙이라든가 유전자에 대해서는 알 수 없었던 것이다. 따라서 유전자나 염색체 수준에서 설명할 수 있는 불임의 원인을 이해할 수 없었다. 그런데 여기에서 지적할 점이 하나 있다. 다윈은 왜 잡종의 불임이 나타나는가에 대해서 답을 구하지 못했지만 불임이 이익이 되지 않는다는 주장은 사실이 아니라는 것이다. 곧 잡종의 불임은 이익이 된다는 뜻이다.

오늘날에는 불임, 또는 생식적 격리에 이익이 있을 수 있다고 본다. 예를 들어 두 종류의 생물이 서로 다른 서식지에 살고 있는데, 서로 교배할 수 있다고 해보자. 그 사이에서 태어난 잡종은 두 서식지 중 어느 곳에서도 살아남기 힘들 것이다. 따라서 두 종 사이의 교배가 일어나지 않도록 하는 것은 두 종 모두에게 이익이 된다. 적응하지 못하는 자손을 얻기 위해 생식 능력을 낭비할 필요가 없기 때문이다. 이는 결국 불임을 일으키는 형질도 자연선택에 의해 보존될 수 있다는 뜻이다.

15 다윈이 살아 있는 실러캔스를 볼 수 있었다면

'미싱 링크(missing link)'라는 낱말이 있다. 그대로 해석하면 '없어진 고리'라는 뜻으로, 생물의 진화 과정에서 확인되지 않은 생물종을 가리킨다.* 현재의 모든 생물이 진화하기 위해서는 중간에 존재했을 것으로 추정되지만 화석으로 발견되지 않은 생물 형태라는 것이다. 미싱 링크는 오래전부터 진화론을 공격하는 무기가 되었다. 다윈은 9장 '불완전한 지질학 기록에 대하여'를 미싱 링크에 대한 이야기로 열고 있다.

> 오늘날 자연계에서 수많은 중간고리를 찾아볼 수 없는 원인은 새로운 변종들이 끊임없이 그 조상형을 몰아내고 대신 그 자리를 차지하는 자연선택 과정에 따른 것이다. 이런 소멸 과정은 거대한 규모로 이루어졌으므로, 예로부터 지상에 존재한 중간적 변종의 수는 실로 막대했을 것이다. 그렇다면 어째서 모든 지층이 이런 중간고리로 가득 차 있지 않은 것일까? 지질학은 확실히 그렇게 완만하게

*베르나르 베르베르의 소설, 『아버지들의 아버지』는 인류의 진화와 관련된 '미싱 링크'를 소재로 한다. 이 책은 분명 '과학'이 아닌 '소설'이지만, 인류의 기원에 관한 여러 흥미로운 논점들을 다루고 있다.

이행하는 계통적인 연쇄를 보여 주지 않는다. 그리고 이 사실은 자연선택 이론을 반대할 수 있는 가장 명백하고도 중대한 근거가 될 것이다.

공작비둘기와 파우터비둘기의 중간형은 없다

"오늘날 자연계에서 수많은 중간고리를 찾아볼 수 없다"는 것은 현재 서로 다른 생물들 사이를 직접 이어 주는 존재가 없다는 뜻이다. 다윈은 비둘기들을 예로 들어 이런 중간고리가 존재하지 않는 이유를 설명하고 있다.

> 나 자신도 두 종을 보면 어쩔 수 없이 그 둘 사이의 직접적인 중간형태를 상상하게 된다. 하지만 이는 완전히 잘못된 생각이다. …… 예를 들어 집비둘기인 공작비둘기와 파우터비둘기는 같은 종류의 들비둘기를 공통 조상으로 삼는다. 따라서 역사적으로 공작비둘기와 들비둘기, 파우터비둘기와 들비둘기 사이에는 중간고리들이 있었을 것이다. 하지만 현재 그 둘 사이의 직접적인 중간고리는 있을 수 없다.

이유는 분명해 보였다. 두 종이 서로 다른 방향으로 난 길을 따라 조상형으로부터 계속 멀어졌기 때문이다. 그 사이의 중간고리들은 자연선택 과정에 의해 사라지고 이제 조상과도, 또 서로간에도 매우 다른 두 종의 비둘기가 남았을 뿐이다. 이렇듯 현재 다른 생물들 사이의 직접적인 중간고리가 존재하지 않는 이유는 자연선택 이론으로 쉽게 설명된다.

풍요로운 지질학 박물관의 시시한 진열품

그렇다면 과거는 어떨까? 다윈은 "모든 살아 있는 종과 멸종한 종 사이에는 분명히 상상할 수 없을 정도로 많은 이행적인 중간고리가 있었을 것"이라고 했다. 하지만 우리는 그 모든 중간고리의 화석을 발견할 수 없다. 다윈은 그 이유를 불완전한 지질학 기록 때문이라고 보았다.

> 이제 우리의 가장 풍요로운 지질학 박물관에 눈을 돌려 보자. 그런데 거기에서 우리가 보게 되는 것은 얼마나 시시한 진열품인가. …… 고생물학계에서 수집한 표본이 매우 불완전하다는 것은 누구나 시인하는 바이다. …… 수많은 화석 생물들이 단 하나의, 그것도 일부는 파손된 표본만 있다. …… 지질학 조사가 이루어진 곳은 지구 표면의 작은 부분에 불과하다.

그렇다면 지질학 조사가 충분히 이루어진다면 다른 결과를 얻을 수도 있을까? 다윈은 그렇지 않다고 하면서 그 이유를 설명하고 있다.

그러나 불완전한 지질학 기록은 이제까지 이야기한 것과는 다른, 더욱 중요한 원인이 있다. 그것은 여러 지층이 엄청난 시간 간격을 갖고 있다는 것이다. …… 서로 겹쳐진 지층의 광물 조성은 크게 변화하는 경우가 많다. 이는 대체로 그 퇴적물을 만든 주위의 지형에 커다란 변화가 일어났다는 뜻이다. 이 사실은 각 지층 사이에 매우 긴 시간 간격이 존재한다는 신념과 일치한다.

지층 사이에 긴 시간 간격이 존재하는 것은 지각 변동 때문이다. 지각 변동은 지구 내부의 어떤 원인으로 지각이 움직이고, 이에 따라 지각의 모양이 변하거나 위치가 변하는 일이다. 이렇게 땅덩어리가 오르락내리락하고 갈라지고 충돌하고 화산이 폭발하는 등의 일이 일어나면 지층은 시간적인 불연속성을 나타낼 수밖에 없다. 이런 일에 대해 과학적인 기록을 남긴 선각자 중에 '모나리자'의 화가 레오나르도 다 빈치가 있다.

레오나르도 다 빈치는 워낙 유명한 천재 미술가여서 그가 얼마나 훌륭한 과학자였는가 하는 것은 오히려 잘 알려져 있지 않다. 하지만 그는 다양한 자연현상을 예리한 눈으로 관찰하고 객관적으로 해석하고 정확한 기록을 남긴 뛰어난 과학자였다. 그 중에 조개 화석에 대한 기록이 있다.

레오나르도의 시대에 높은 산에서 많은 조개 화석을 발견한 사람들은 그것들이 모두 노아의 홍수 때 산으로 떠밀려 온 것이라고 믿었다. 하지만 레오나르도는, 그것들이 홍수에 떠밀렸다면 서로 뒤섞여 오늘날 우리가 보는 것 같은 규칙적인 층을 이룰 수 없었을 것이라고 생각했다.* 그는 높은 산의 조개 화석들도 처음에는 바닷가에 쌓이는 흙모래에 묻혀서 생겼고, 그 뒤 지각 변동이 일어나 산에서 발견되었다고 설명했다.

레오나르도의 이런 통찰은 한참 뒤인 19세기에 들어서야 과학적인 이론으로 인정받았다. 19세기 영국에서는 스미스 · 라이엘 등의 노력으로 지질학 연구가 빠른 속도로 발달했고, 다윈은 이런 연구 결과를 통해서 자신의 이론을 정립할 수 있었다.

갑자기 새로운 종이 나타나는 이유

다윈은 천변지이설(격변설)에 맞서 싸우고 있었다. 천변지이설이란 지질 시대에 몇 차례씩 천변지이**가 되풀이되었고, 그때마다 대부분의 생물이 사멸하고 살아남은 소수의 생물이 번식해서 널리 퍼지게 되었다는 이론이다. 따라서 생물의 종이 변하지 않아도 새로운 지층에서 갑자기 새로운 생물의 화석이 나타날 수 있다는 것이다. 심지어 천변지이가 일어날 때마다 모든 생물이 새롭게 창조되었다고 주장하는 사람들도 있었다.

몇몇 고생물학자들은 특정한 지층에서 어떤 생물 종의 전체 집단이 갑자기 나타나는 것을 근거로 해서 종의 변화를 인정할 수 없다고 주

* 레오나르도가 관찰한 바에 따르면, 이탈리아 롬바르디아 지방에는 조개 화석이 서로 다른 시대를 나타내는 네 개의 층으로 쌓여 있었다.

** 하늘이 변하고 땅이 달라진다는 뜻으로, 성서에 나오는 노아의 홍수 같은 대규모 지각 변동을 말한다.

장했다. 같은 속(屬)이나 같은 과(科)에 속한 수많은 종이 모두 동시에 나타났다면, 자연선택에 의한 느린 변화를 주장하는 학설에는 치명적인 일이 될 것이다. …… 그러나 우리는 언제나 지질학 기록의 완전성을 과대평가하고 있어서, 어떤 속 또는 어떤 과가 일정한 시기 밑에서 발견되지 않으면 그전에는 그것들이 존재하지 않았다는 잘못된 결론을 내리곤 한다. 또 그 지층이 상세히 조사된 지역에 비해 세계가 얼마나 넓은가 하는 것도 항상 잊고 있다. 또한 그 생물의 무리가 다른 지역에서 오랫동안 살고 있다가 서서히 수가 불어난 뒤에 유럽이나 아메리카 지역에 유입될 수 있었다는 것도 잊고 있다. 우리는 서로 맞닿아 있는 지층과 지층 사이에 경과했을 막대한 시간(어쩌면 그 시간은 각 지층이 퇴적되는 데 걸린 시간보다도 길었을 것이다)을 고려에 넣지 않는다. 이런 시간 간격은 소수의 조상형에서 여러 종이 생겨날 수 있는 시간을 허락했을 것이다. 그래서 이런 종들은 다음 지층에서 마치 갑자기 창조된 것처럼 출현하는 것이다.

지금까지 생존한 모든 생물이 화석으로 보존될 수 없다는 다윈의 지적은 매우 타당하다. 현재 발견되는 지층에서는 수많은 생물들이 파묻힌 퇴적층이 사라졌을 것이기 때문이다. 지각을 이루는 암석은 그 형성 과정에 의해 퇴적암, 화성암, 변성암의 세 가지로 구분된다. 그런데 화석이 발견되는 암석은 퇴적암뿐이다. 마그마가 식어서 생긴 화성암이나, 다른 암석이 높은 열과 압력을 받아 변한 변성암 속에서는 화석을 찾아볼 수 없다.

모든 퇴적층에서 화석이 발견되는 것은 아니다. 동식물의 화석이 만들어지기 위해서는 특별한 조건이 필요하다. 화석 형성을 위해서는 우선 생물의 유해가 빠르게 흙이나 화산재 등에 파묻혀서 미생물에 의해 분해되지 않아야 한다. 그리고 생물의 유해가 단단한 물질로 바뀌어야 한다. 또 이렇게 묻힌 생물체가 오랜 지질 시대를 거치는 동안 소실되지 않아야 한다.

이 모든 조건을 만족시키기란 쉬운 일이 아니다. 예를 들어 우리나라의 백악기*는 공룡의 낙원이었다고 한다. 하지만 우리나라에서 공룡의 뼈가 화석으로 발견된 경우는 많지 않다. 대신 공룡의 발자국이나 이빨, 알껍데기 같은 흔적 화석은 많이 발견되었다. 특히 발자국 화석은 다른 나라에서 유례를 찾아볼 수 없을 정도로 다양한 것들이 많이 발견되었다.** 그런데도 온전한 공룡의 골격 화석이 발견되지 않는 것은 화석의 형성이 얼마나 어려운 일인가를 단적으로 말해 준다.***

다윈은 이렇듯 불완전한 지질학 기록을 다음과 같이 비유하면서 9장을 끝맺고 있다.

*지질 시대의 중생대를 셋으로 나눈 마지막 시대. 쥐라기의 뒤, 신생대 제3기의 앞에 해당한다. 약 1억 3,500만 년 전부터 약 6,500만 년 전까지의 시기이다.

**경상남도 고성군 덕명리에서 의창군 진동면 해안에 이르는 지역에서는 무려 3천 개 이상의 공룡 발자국 화석이 발견되었다.

***공룡의 골격 화석이 많이 발견되지 않은 데에는 우리나라의 고생물학이 아직 크게 발달하지 않은 데에도 이유가 있을 수 있다.

내게는 자연의 지질학 기록이 변화하는 방언으로 쓰이고 불완전하게 기록된 세계사 책으로 보인다. 그 역사책 중에서 우리가 갖고 있는 것은 두세 나라에 관련된 내용만 들어 있는 마지막 한 권뿐이다. 그런데 그 책 속에는 여기저기 짧은 몇 장(章)만이 남아 있고, 각 페이지에는 몇 줄만이 남아 있다. 서서히 변화한 그 역사책의 언어는 여기저기 뜯겨 나간 책장들 때문에 장마다 다른 단어로 나타나 있다. 이는 마치 서로 붙어 있지만 시간적으로 멀리 떨어진 지층들에서 나타나는 생명 형태들이 갑자기 변한 것처럼 느껴지는 것과 같다. 이런 시각에 따르면, 앞에서 이야기한 어려움은 크게 줄어들거나, 심지어는 사라진다고까지 할 수 있다.

1938년, 그 역사책의 책장이 얼마나 많이 뜯겨 나갔는가를 생생하게 증언해 주는 사건이 일어났다. 그것은 바로 살아 있는 화석, 실러캔스의 발견이었다.

실러캔스 발견의 의미

실러캔스는 약 4억 년 전 고생대 데본기에 나타난 화석 물고기이다. 이 물고기의 화석을 연구한 사람들은 실러캔스가 5천만 년 전에서 1억 년 전 사이에 멸종했다고 믿고 있었다. 그 뒤의 시대에서는 화석이 한 점도 발견되지 않았기 때문이다. 그런데 1938년 12월 아프리카의 연안에서 살아 있는 실러캔스가 원시적인 모습 그대로 붙잡혔다.

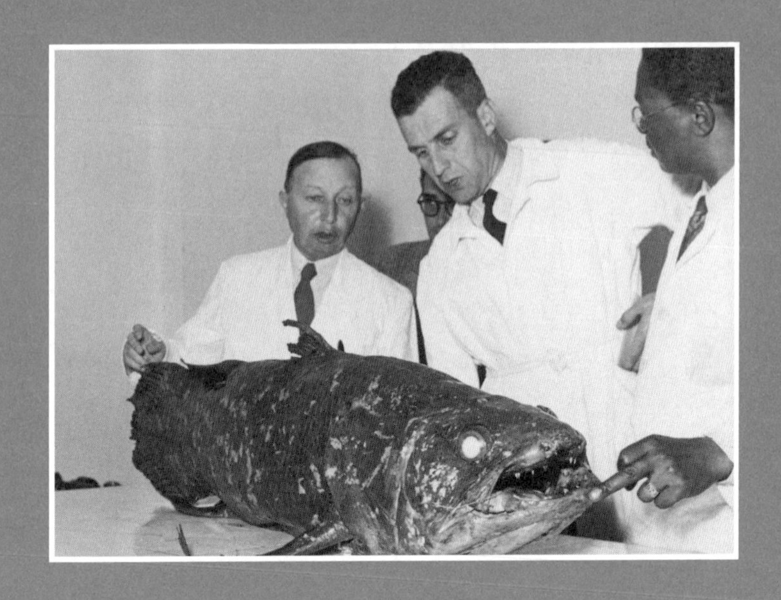

화석에서만 볼 수 있었기 때문에 멸종한 것으로 알려져 있던 물고기가 발견되었다. 살아 있는 실러캔스의 발견은 화석 기록의 불완전함을 깨닫게 해 준 큰 사건이었다.

이 일은 세계를 떠들썩하게 했다. 사람들은 진화의 속도가 이렇게 느릴 수도 있다는 사실에 놀라움을 금치 못했다. 그리고 그렇게 오랜 기간 살아 있었던 실러캔스가 화석을 전혀 남기지 않았다는 사실에서 화석 기록이 얼마나 불완전한가를 다시 한 번 깨닫게 되었다.

살아 있는 실러캔스의 발견을 누구보다도 반겼을 사람은 다윈이다. 다윈이 살아서 그 소식을 들었다면 어떤 반응을 보였을까? 아마 기뻐서 펄쩍펄쩍 뛰기보다는 조용히 온 얼굴에 미소를 머금었으리라.

위엄이 깃들어 있는 이론

수만 년, 그 길고도 짧은 시간

얼마 전만 해도 서양에서는 많은 사람들이 천지 창조가 기원전 4004년에 일어났다고 믿었다. 하지만 현재 지질학자들은 지구가 약 46억 년 전에 탄생했다고 믿는다.* 현대의 뛰어난 진화 생물학자 굴드는 인류가 품고 있던 자만심에 큰 타격을 준 중요한 과학 분야들에 대해 다음과 같이 이야기한 적이 있다.

> 천문학은 우리 삶의 터전이 수많은 은하 중에서도 어느 평범한 은하의 한쪽 귀퉁이에 처박혀 있는 작은 행성이라는 사실을 일깨워 주었다. 생물학은 우리에게서 신의 형상대로 창조된 특별한 존재라는 지위를 앗아가 버렸다. 그리고 지질학은 우리에게 헤아리기조차 어려운 시간을 던져 놓고, 그 속에서 우리 인류라는 종이 차지한 시간이 얼마나 짧은 순간인가를 가르쳐 주었다.**

* 현대의 과학자들은 방사성 동위원소가 시간의 흐름에 따라 일정한 비율로 붕괴된다는 사실을 알게 되었다. 이 사실을 이용하면 암석의 나이(절대 연령)를 계산할 수 있다. 지구에서 발견된 가장 오래된 암석의 나이는 약 38억 년이며, 운석이나 달에서 가져온 월석의 나이는 약 46억 년이다.

** S. J. 굴드, 『다윈 이후』에서.

인류의 탄생은 1초 전

지구에 현생 인류*가 출현한 것은 약 4만~10만 년 전 사이로 알려져 있다. 지구의 나이 46억 년을 하루로 보면, 현생 인류가 지구에 등장한 것은 약 1초에서 2초 전이라는 뜻이다. 모두 알다시피 지구에는 사람이 나타나기 훨씬 전부터 다른 생물들이 살고 있었다. 어느 노랫말처럼 "아주 옛날에는 사람이 안 살았다는데…… 생각해 보면 오래전도 아니지…… 겨우 몇 십만 년 전, 겨우 몇 백만 년 전"** 지구에서는 사람의 모습을 볼 수 없었다. 지질학은 이렇게 인류 앞에 길고 긴 지질 시대, 그 '깊은 시간'을 열어 놓았다.

지구상의 어떤 곳에서, 마치 시루떡이 켜켜이 쌓이듯이, 시간의 흐름에 따라 조금의 흔들림도 없이 계속해서 퇴적층이 쌓였다고 상상해 보자. 그 퇴적층 속에서는 수많은 생물의 화석이 만들어졌을 것이다. 그곳을 계속 파 내려가면 진화의 경로를 되짚어 볼 수 있다. 밑에 있는 것일수록 오래된 퇴적층일 것이기 때문이다.

우리는 이 가상의 퇴적층을 크게 네 부분으로 나눈다. 가장 위에 있는 층이 신생대, 그 아래가 중생대, 다시 고생대, 그리고 선캄브리아대의 순서이다. 각 퇴적층의 두께가 시간에 비례한다면 선캄브리아대는 전체 두께의 약 88%를 차지한다. 나머지 세 층은 12%에 불과하다. 각 층을 나눌 때 일정한 시간 간격을 기준으로

* 호모 사피엔스 사피엔스를 가리킨다.

** 김창완 작사 · 작곡, '아주 옛날에는 사람이 안 살았다는데'라는 곡의 노랫말이다. 노랫말에서처럼 "밤하늘에는 그래도 별이 떠 음악 소리가 끊이질 않던" 그때를 생각하면 저절로 인류가 자연 앞에서 고개를 숙여야 한다는 생각이 든다.

한 것이 아니라는 뜻이다. 그렇다면 도대체 무엇을 기준으로 해서 그 네 층으로 나눈 것일까?

지질 시대의 경계

지질학자들은 화석을 연구하면서 같은 시기에 비슷한 생물들이 세계 곳곳에서 살았다는 것을 알게 되었다. 그리고 화석을 이용해서 그 화석이 들어 있는 암석이 얼마나 오래된 것인지 추측할 수 있었다. 화석들은 시간의 흐름에 따라 생물들의 진화 과정을 보여 주었다. 이런 변화는 느리고 점진적일 때도 있지만, 때로는 매우 급격해서 어떤 지층과 다음 지층 사이에서는 많은 동식물이 완전히 사라지는 경우도 있었다. 또 갑자기 새로운 생물들이 번창하는 경우도 있었다. 지질 시대의 경계가 되는 것은 바로 이런 변화들이다.

최근의 이런 변화는 신생대와 중생대 사이에서 발견된다. 지금으로부터 약 6500만 년 전*의 일이다. 이때에는 공룡과 함께 수많은 생물들이 갑자기 사라지면서 공룡의 틈바구니에서 어렵게 목숨을 부지하던 포유류가 번성할 수 있는(그리고 인류가 진화할 수 있는) 계기가 마련되었다. 그전의 커다란 변화는 2억 2500만 년 전인 중생대와 고생대의 경계**에서 발견된다. 이 시기에도 대멸종이 일어났다. 고생대의 바다에서 번성하던 무척추동물의 약 90%

*중생대는 트라이아스기, 쥐라기, 백악기의 세 시기로 나뉜다. 이때는 백악기 말에 해당한다.
**페름기 말에 해당한다. 고생대는 캄브리아기, 오르도비스기, 실루리아기, 데본기, 석탄기, 페름기의 여섯 기로 나뉜다.

가 지구상에서 사라진 것이다.

지구 역사에서 볼 수 있는 이런 대멸종의 원인에 대해서는 운석이나 소행성, 혜성과의 충돌,* 대규모 지각 변동에 따른 생태계의 변화 등 다양한 가설이 있다. 모두 어느 정도 가능성이 있는 가설들이지만 아직 어느 것이 맞는지 확실히 밝혀졌다고는 할 수 없다.

세 번째 경계인 약 5억 년 전의 선캄브리아대와 고생대의 경계는 조금 다른 성격을 갖는다. 앞의 두 경계를 커다란 멸종으로 특징지을 수 있다면,** 이 경계는 생물의 폭발적인 증가로 특징지을 수 있기 때문이다. 이를 흔히 '캄브리아기 대폭발'이라고 한다. 고생대 초인 캄브리아기에는 다양한 생물들이 많이 등장했다. 생물의 이런 폭발적 증가와 관련해서는 생물의 이동, 산소 농도의 변화와 같은 환경 변화, 유성 생식을 하는 새로운 생물의 진화 등 다양한 이론이 있다.

점진적으로 일어나는 생물군의 천이

이렇게 각 지층에서 발견되는 생물 무리의 화석이 순차적으로 변화하는 일을 천이(遷移)라고 한다. 다윈은 10장 '생물의 지질학적인 천이에 대하여'에서 이 문제를 다루고 있다.

* 지구와 소행성의 충돌을 다룬 영화 '아마겟돈', 지구와 혜성의 충돌을 다룬 영화 '딥 임팩트'를 보면 이런 일의 '대체적인' 상황을 추측해 볼 수 있다.

** 대규모 멸종은 수많은 생태적 지위를 열어 놓아 많은 새로운 생물들이 진화할 수 있는 여지를 주기도 한다.

생물의 지질학적 천이와 관련된 다양한 사실과 규칙들이, 종의 불변이라는 일반적인 견해에 더 잘 일치하는지, 아니면 자연선택에 따른 느리고 점진적인 변화라는 견해에 더 잘 일치하는지 알아보도록 하자. 새로운 종은 땅 위에서나 물속에서나 매우 서서히 나타났다. 라이엘에 따르면 제3기*의 경우 …… 매년 지층 사이의 공백이 메워져서, 소멸한 종류와 현존하는 종류의 비율이 점점 더 서서히 변화하는 것으로 나타난다고 한다.

이런 일은 종의 불변이 아니라, 자연선택에 의한 점진적인 종의 변화를 지지해 주는 것으로 보였다. 다윈은 멸종에 대해서도 같은 이야기를 한다.

자연선택설에 따르면 오래된 생물형의 멸종과 새로운 생물형의 출현은 서로 밀접한 관계를 맺고 있다. 지구에 서식하던 모든 생물이 천변지이가 일어날 때마다 사라졌다는 낡은 관념은 …… 대체로 포기되었다. 오히려 제3기 여러 지층의 조사 결과에 따르면, 종(그리고 종의 무리)들이 하나하나씩, 한 지점에서 시작해서 다음에는 다른 지점에서, 그리고 결국은 전 세계에서 서서히 사라졌다고 믿을 만한 충분한 이유가 있다. 어느 한 종이나 종의 무리가 존속한 기간은 매우 다양하다. 어떤 무리는 생명의 서광이 비친 시기부터 오늘날까지 존

*신생대는 두 시기로 나뉘는데 전기를 제3기, 후기를 제4기라고 한다. 제4기는 현재를 포함한다.

속했다. 어떤 무리는 고생대가 끝나기도 전에 사라져 버렸다. 어떤 종이나 속(屬)의 존속 기간을 결정하는 법칙은 존재하지 않는 것 같다. …… 멸종은 대체로 점진적으로 이루어졌지만…… 백악기* 말 암모나이트에서처럼, 모든 무리의 멸종이 놀라울 정도로 급격히 일어난 경우도 있다.

멸종에 이르는 경로

다윈은 이렇게 중생대 말의 멸종을 예외적인 경우로 들어 놓았다. 그런데도 대부분의 지질 시대에는 멸종이 느리고 점진적으로 일어나고 있었다. 다윈은 주로 제3기를 예로 들고 있다. 비교적 가까운 과거인 제3기의 화석 기록이 풍부하고도 정확하기 때문이다.

비교적 새로운 제3기 지층에서는 멸종에 앞서서 그 수가 매우 적어지는 많은 사례를 볼 수 있다. 그리고 우리는 인간의 손에 의해 멸종된 동물의 경우에도 비슷한 경로를 밟았다는 것을 알고 있다.

다윈은 이런 멸종의 양상이 자연선택설에 잘 부합한다고 생각했다. 그에게 멸종은 놀라운 일이 아니었다. 정말 놀라운 것은 생물 종이 생존하기 위해 필요로 하는 수많은 복잡한 요인을 이해하고 있다고 상상하는 인간의 오만한 확신이었다.

*다윈의 표현에 따르면 '제2기'이다.

암모나이트의 화석들. 급격히 멸종한 암모나이트 같은 경우도 있지만 다윈은 대체로 멸종의 양상이 점진적으로 나타나며 ,이것이 자연선택설에 부합한다고 생각했다.

어느 한 종이나 종의 무리가 멸종하는 방식은 자연선택설에 잘 일치하는 것으로 보인다. …… 모든 종은 과도하게 수가 불어나는 경향이 있으며, 거기에는 언제나 어떤 제한 요인이 작용하고 있다는 것, 하지만 우리는 그것을 거의 알아차릴 수 없다는 것을 한시라도 잊는다면, 자연의 전체 질서는 우리 눈앞에서 완전히 그 모습을 감춰 버릴 것이다.

19세기의 대결—천변지이설 대 진화론

19세기의 다윈은 '천변지이에 따른 모든 생물의 멸종'*이라는 개념에 맞서 싸우고 있었다. 이런 이유로 그는 『종의 기원』 9장과 10장을 통해서 끊임없이 생물의 진화가 점진적으로 일어났음을 강조했다. 이런 주장을 뒷받침하는 다양한 사례도 들었다. 하지만 그의 이론에 반대하는 사람들은 캄브리아기의 대폭발, 고생대 말과 중생대 말의 대멸종을 언급하면서 다윈을 계속 공격했다. 캄브리아기의 대폭발에 대해서는 다윈 스스로도 "최초에 존재한 이 광대한 시기**의 기록이 어째서 발견되지 않는가 하는 의문에 대해서는 만족스러운 대답을 할 수가 없다."고 고백하고 있다.

이 문제와 관련해서 다윈은 특히 불리한 형편에 놓여 있었다. 당시에는 선캄브리아대의 화석이 하나도 발견되지 않았기 때문이다. 하지만 현재는 남조류와 세균류를 비롯해서 소수의 무척추동

*천변지이설에 대해서는 이 책의 프롤로그와 5장 '생물은 어떻게 진화하는가'를 참고할 것
**캄브리아기 이전, 선캄브리아대를 말한다.

물을 포함한 선캄브리아대의 화석이 발견되었다.* 그런데도 캄브리아기의 대폭발에 대해서는 많은 이론(異論)이 존재한다.

20세기의 대결—단속평형설 대 점진론

최근에는 굴드와 엘드리지가 이 문제를 새롭게 해석하면서 주목을 받았다. 그들이 주장한 이론을 단속평형설(斷續平衡說)이라고 한다. 그 핵심적인 내용은 "종은 보통 수백만 년 동안 커다란 변화를 일으키지 않고 유지되지만, 한 종에서 다른 종으로 진화하기까지는 수만 년밖에 걸리지 않는데, 이런 종 분화의 기간은 지질 시대를 기준으로 볼 때 순간"이라는 것이다. 따라서 화석 기록이 완전하더라도 종 분화의 과정은 확인할 수 없다는 것이다. 현재 단속평형설은 진화론을 발전시킨 중요한 이론으로 인정받고 있다.

단속평형설이 주목받은 데에는 논쟁을 좋아한 매력적인 과학자 굴드의 영향이 컸다. 그는 "다윈이 틀렸다."고 주장하고 나섬으로써 커다란 반향을 불러일으켰다. 그 결과 일부에서는 하버드 대의 과학자가 했다는 그 이야기를 부풀려서 '이는 창조론이 옳음을 입증하는 것'이라고 기뻐하는 웃지 못할 상황이 벌어지기도 했다. 하지만 굴드는 철저한 진화론자로서, '느리고 점진적인 진화'에 반대한 것이지, 자연선택설 그 자체를 부정한 것은 아니었다.

*대부분의 선캄브리아대 동물들이 뼈나 껍질이 없는 부드러운 몸을 갖고 있었다는 것도 당시의 화석 기록이 많지 않은 이유가 될 수 있다. 또 한 가지 이유는 가장 오래된 지층이므로 오랜 지각 변동에 의해 화석이 소실되었다는 것이다.

단속평형설을 내놓은 현대의 진화론자 굴드.
단속평형설은 진화론을 발전시킨 이론으로 평가받고 있다.

이에 대해 또 한 사람의 뛰어난 진화 생물학자 리처드 도킨스가 굴드를 맹렬히 비판하고 나섰다. 그는 많은 진화 생물학자들이 다윈의 이론을 '한결같이 똑같은 속도로' 진화가 일어났다고 받아들였다는 주장은 굴드의 착각이라고 주장했다.* 굴드가 별로 특별할 것도 없는 이론을 내놓으면서 선정적으로 다윈의 이론에 흠집을 냈다는 것이다. 그는 굴드가 전하는 가장 중요한 메시지는 다음과 같이 요약할 수 있다고 했다.

> 걱정 마세요, 다윈. 화석 기록이 완전하다고 해도 한 곳에서만 발굴한다면 미세한 단계로 나뉘는 진행 과정을 볼 수 없을 테니까요. 이유는 간단합니다. 진화의 변화는 어딘가 다른 곳에서 일어났기 때문이지요!**

굴드와 도킨스의 논쟁은 진화 생물학의 발전에 도움이 되었다. 굴드와 엘드리지가 진화의 속도라는 문제를 제기한 것은 의미 있

* 도킨스는 '출애굽기'의 비유로 이 일을 설명한다. "출애굽기에 따르면 이스라엘 사람들은 시나이의 황야를 가로지르는 데 40년이 걸렸다. 그 거리가 320킬로미터이므로 평균 이동 속도는 시속 0.9미터에 불과하다(느리기로 유명한 달팽이의 기네스북 최고 기록에도 못 미치는 속도이다). 이 속도가 변함없이 계속 유지되었다고 믿는 사람은 없다. 그들은 그저 사막의 유목민들처럼 이 오아시스 저 오아시스로 유랑했을 것이기 때문이다. 그런데 갑자기 달변의 젊은 (굴드와 같은) 역사학자들이 등장해서, 이스라엘 사람들은 점진적으로 약속의 땅으로 이동한 것이 아니라 긴 정체기와 짧고 급격한 이동기를 가졌다며, 자신들이 성서를 전혀 새롭게 해석했다고 주장한다. 그러자 문외한들은 한 가지만 기억하게 된다. 지금까지는 시나이의 황무지를 하루에 22미터씩 이동했다고 잘못 해석해 왔다는 것이다." 리처드 도킨스의 『눈먼 시계공』 9장 '단속설에 구멍내기'(원래 제목은 'Puncturing punctuationism'인데, 발음과 뜻을 묘하게 연결시킨 것이 재미있다) 앞부분에서 발췌.

** 리처드 도킨스, 『눈먼 시계공』에서.

는 일이었다. 하지만 현대의 잣대로 다윈이 점진적인 진화를 강조한 것이 잘못이라고 하는 데에는 문제가 있을 것이다. 다윈이 완만한 진화를 줄기차게 주장한 것은 천변지이설과의 싸움이라는 과거의 상황 속에서 이루어진 일이기 때문이다. 한 종의 분화가 일어나는 수만 년도 천변지이설의 주장에 비하면 매우 긴 세월인 것이다. 실제로 다윈은 『종의 기원』 4판부터 다음과 같은 내용을 집어넣었다.

> 많은 종이 일단 형성된 뒤에는 더 이상 변화하지 않는다……. 그리고 종이 변화를 겪는 기간은, 햇수로 따지면 길지만, 같은 형태를 그대로 유지하는 기간에 비하면 아마 짧을 것이다.*

*리처드 도킨스, 『눈먼 시계공』에서 재인용.

17 떠도는 대륙
—대륙 이동설과 진화론

다윈은 비글호를 타고 세계 곳곳을 여행하면서 각 지역에서 다양한 동식물을 관찰할 수 있었다. 낯선 대륙에서 만난 진기한 동식물들은 유럽에서 태어나고 자란 다윈에게 커다란 놀라움을 안겨 주었다. 그리고 그들이 사는 모습은 다윈의 마음에 깊은 울림으로 다가왔다.

> 지구의 얼굴을 수놓은 생물들의 분포를 생각할 때 가장 먼저 머리에 떠오르는 중요한 사실은, 다양한 지역에 서식하는 생물들의 유사함과 상이함이 모두 기후와 같은 물리적인 조건으로는 설명할 수가 없다는 것이다.

기후나 토질 등이 비슷한 곳에 전혀 다른 생물들이, 기후나 토질 등이 다른 곳에 비슷한 생물들이 살고 있다는 뜻이다. 다윈이 남아메리카 대륙의 대초원 팜파스에 토끼가 없다는 사실을 알고 놀란 것이 한 예이다(프롤로그를 참고할 것).

같은 위도의 다른 생물들, 다른 위도의 같은 생물들

적도에 가까운 저위도 지방에서 열대 기후가 나타나고 양극에 가까운 고위도 지방에서 한대 기후가 나타나는 데에서 알 수 있듯이, 어떤 지역의 기후에 가장 큰 영향을 주는 것은 위도이다. 그런데 여러 대륙의 동식물 분포는 이런 기후대를 그대로 따르지 않는다.

> 남반구에서 남위 25도와 35도 사이의 오스트레일리아와 남아프리카, 그리고 남아메리카 서부의 넓은 지대를 비교해 보면, 모든 환경 조건이 지극히 비슷한 곳들을 볼 수 있다. 하지만 그 세 지역만큼 동식물들이 서로 다른 곳도 없을 것이다. 한편 남아메리카 대륙의 남위 35도 이남에서 사는 생물들과 남위 25도 이북에서 사는 생물들을 비교해 보면, 기후는 비록 크게 다른 곳에서 서식하고 있지만, 오스트레일리아나 아프리카 대륙의 비슷한 기후대에서 사는 생물들과는 비교할 수 없을 정도로 밀접한 유연관계에 있음을 알게 된다. 바다에서 사는 생물에 대해서도 비슷한 이야기를 할 수 있다.

사람들이 진화론에 관해 품고 있는 흔한 오해 가운데 다윈이 격리에 무심했다는 내용이 있다. 하지만 실제로 다윈은 지리적인 격리의 효과를 잘 알고 있었으며, 그 중요성도 충분히 인식하고 있었다. 그는 다만 진화의 원동력은 자연선택임을 끊임없이 강조했을 뿐이다.

생물 분포를 개관할 때 두 번째로 떠오르는 중요한 사실은 모든 종류의 장벽, 즉 자유로운 이동을 막는 온갖 장애물들이 서로 다른 지역의 생물들이 나타내는 차이와 밀접한 관계가 있다는 것이다. 이 일은 신대륙과 구대륙의 거의 모든 육상 생물들이 큰 차이를 나타내는 데에서 확인된다. 북부 지역만은 예외인데, 이곳은 거의 육지와 연결되어 있고 기후의 차이도 경미해서 현재 북극 지방의 생물들처럼 북부 온대 지방의 생물들이 자유로이 이동할 수 있었기 때문일 것이다. 같은 위도의 오스트레일리아와 아프리카, 남아메리카 지역의 서식 생물들이 보여 주는 커다란 차이에서도 똑같은 사실을 확인할 수 있다. 이 지역들이 서로 최대한 멀리 격리되어 있기 때문이다. 게다가 한 대륙에서도 똑같은 사실이 확인된다. 예를 들어 우뚝 솟아 이어진 높은 산맥, 거대한 사막, 그리고 때로는 큰 강의 이편과 저편에서도 서로 다른 생물들이 발견되는 것이다. 물론 이 경우는 서로 다른 대륙의 생물들만큼 커다란 차이가 나지는 않는다.

다윈은 대륙과 대륙 사이에 있는 대양보다는 산맥이나 사막이 건너기 쉽고 더 가까운 과거에 형성되었다는 데에 그 이유가 있을 거라고 보았다. 생물들의 이동을 가로막는 장벽이 클수록 그 장벽 양쪽에는 더욱 다른 생물들이 분포한다는 것이다.

서로 다른 대륙의 큰 새들—레아, 타조, 에뮤

다윈은 다시 생물의 분포에 대한 중요한 사실을 털어놓았다. 이는 같은 대륙이나 바다에서 사는 생물들의 관계에 대한 내용이었다.

> 세 번째 중요한 사실은 부분적으로 지금까지 한 이야기에 포함되어 있다. 그것은 같은 대륙이나 바다에 사는 생물들이 (각 지점에 따라 종은 다를지라도) 유연관계를 맺고 있다는 것이다. 이는 매우 일반적인 법칙으로, 모든 대륙에서 수없이 많은 사례를 볼 수 있다. 예를 들어 북쪽에서 남쪽으로 여행하는 박물학자는, 확실히 구별되지만 분명히 연관되어 있는 생물 집단이 순차적으로 바뀌어 가는 것을 보고 놀라지 않을 수 없을 것이다. 그는 또한 밀접한 유연관계에 있지만 서로 다른 종류의 새들이 거의 비슷한 가락으로 노래하는 것을 듣게 될 것이다. …… 남아메리카 남단의 마젤란 해협 가까운 평원에는 레아(아메리카타조라고도 함)의 한 종이 살고 있고, 같은 대륙의 라플라타 평원 북쪽에는 같은 속 다른 종의 레아가 살고 있다. 하지만 그것들은 결코 같은 위도에서 발견되는 아프리카의 타조도, 오스트레일리아의 에뮤도 아닌 것이다.

다윈은 생물의 지리적 분포와 관련된 이 모든 사실에서 중요한 깨달음을 얻을 수 있었다. 그것은 '물리적인 조건과는 무관하게 모든 시간과 공간에 걸쳐 두루 작용해 온 어떤 깊은 유기적 유대'에 대한 깨달음이었다. 다윈은, 호기심이 많은 박물학자라면 누구나 이런 유대가 무엇인가 하고 물을 수밖에 없다고 하면서, 자신이 생각하는 그 유대의 본질을 밝혔다.

서로 다른 대륙에 사는 큰 새들.
모습은 비슷하지만 전혀 다른 종이다.
아프리카의 타조(위), 오스트레일리아의 에뮤(왼쪽),
남아메리카의 레아(아래).

> 내 이론에 따르면, 이 유대는 바로 유전이다. 우리가 아는 한, 유전은 완전히 같은 생물을 생겨나게 하는, 또는 변이의 사례에서 보는 것 같은 거의 비슷한 생물을 생겨나게 하는 유일한 원인이다. 서로 다른 지역의 생물들이 닮지 않은 것은 자연선택에 의한 변화 때문이라고 할 수 있다.

이어서 다윈은 생물의 이동을 가로막는 장벽은 생물의 분포에서 매우 중요한 역할을 담당하는데, 이는 자연선택을 통한 느린 변화의 과정에서 시간이 담당하는 역할에 비견될 수 있다고 이야기하고 있다.

창조의 중심은 하나인가

다윈은 생물의 지리적 분포와 관련해서 다시 하나의 질문을 꺼낸다. 당시 박물학자들 사이에서 크게 논란이 되었던 종의 창조가 한 곳에서 일어났는가, 아니면 여러 곳에서 일어났는가 하는 문제이다. 그리고 이렇게 묻는다. 같은 종이 떨어져 있는 두 지점에서 창조되었다면, 유럽과 오스트레일리아, 또는 남아메리카 대륙에 공통된 포유류가 하나도 없는 것은 무슨 이유인가? 그리고 이렇게 답하고 있다.

> 각각의 종은 한 지역에서 생겨나고, 그 뒤 그들의 이동과 생존 능력이 허용하는 한도 내에서 최대한 먼 곳까지 이동했을 것이다. 같은

종이 어떻게 해서 한 곳에서 다른 곳으로 이동했는지 설명하기 어려운 경우도 많이 있다. 하지만 최근의 지질 시대에 일어난 지리와 기후의 변화는, 전에는 이어져 있던 여러 종의 분포 범위를 차단해서 불연속적인 것으로 만들었을 것이다.

그리고 다윈은 하나의 종이 한 지역에서 다른 지역으로 퍼져 나갈 수 있었던 것은 기후의 변화와 육지의 높낮이 변화, 그리고 우연한 사건들 때문이라고 이야기했다. 여기에서 우연한 사건이란 새들이 먼 곳까지 종자를 퍼뜨리거나 빙산에 실려 종자가 퍼져 나가는 등의 일을 말한다.

다윈은, 종이 어떻게 이동했는지 설명하기 어려운 경우도 있다고 하면서, 특히 식물의 종자가 어떻게 퍼져 나갈 수 있었는가를 다양한 예를 들어 공들여 설명하고 있다. 식물은 서로 다른 대륙에서도 비슷한 종이 많이 발견되기 때문이다. 하지만 20세기 지질학의 발달은 다윈에게는 어려운 일이었던 그 설명을 매우 쉬운 것으로 바꾸어 놓았다. 대륙 이동설이 확립되었기 때문이다.

떠도는 대륙

다윈은 빙하기*에 생물들이 어떻게 퍼져 나갔는가를 설명하면서, "현재의 대륙들은 오랫동안 거의 같은 상대적 위치를 유지하고 있었다고 믿는다."고 했다. 17세기부터 남아메리카 동해안과 아프리카 서해안이 잘 들어맞는 사실에 주목한 사람들이 대륙이 한 덩어리로 있다가 5개로 나뉜 것이라는 이론을 내놓기는 했지만, 19세기까지 대부분의 사람들에게 대륙이 움직인다는 것은 결코 있을 수 없는 일로 보였다.

그러나 20세기에 들어와 대륙 이동설은 사실로 확인되었다.** 1960년대에는 바다 밑바닥이 확장된다는 증거***가 발견되었고, 오늘날에는 인공 위성을 이용하여 실제로 움직이는 대륙의 이동 거리를 측정할 수 있게 되었다. 대서양은 지금도 1년에 3, 4센티미터씩 넓어지고 있다. 이는 매우 느린 것처럼 보이지만, 수억 년 동안 계속되면 수천 킬로미터나 벌어질 수 있다. 예를 들어 대서양은 8천만 년 전까지는 존재하지도 않았다.

대륙의 이동은 기후와 생물 서식지에 변화를 일으키면서 생물 종의 멸종과 다양성에 직접적인 영향을 주었다. 이제 다윈이 관찰한 많은 사실들은 대륙 이동설에 의해 더욱 쉽게 설명할 수 있게 되었다. 대륙은 한때 한 덩어리(고생대에 형성된 초대륙 '판게아'를 말한다)였고, 이 일은 지금 살아 있는 동식물의 분포에도 영향을 주

*지질 시대 구분에서 신생대는 제3기와 제4기로 나뉘고, 제4기는 홍적세(플라이스토세)와 충적세(홀로세, 현세)로 다시 나뉜다. 홍적세는 세계적으로 기후가 한랭한 시기로, 빙하가 크게 발달해서 빙하 시대라고도 한다. 이 시대에는 온대 지방까지 빙하가 발달한 빙기(氷期)와 고위도 지방으로 빙하가 후퇴한 간빙기(間氷期)가 여러 번 교대로 찾아왔다. 지질 시대 제4기 홍적세의 마지막 빙기가 끝난 1만 년 전부터 지금까지를 후빙기라고 하는데, 빙하 시대는 지금도 계속 이어지고 있으며, 현재는 또 하나의 간빙기라고 보는 학자들도 있다.

**대륙이 이동하는 것은 유동성을 띤 고체인 맨틀 위에 떠 있는 지각의 판이 맨틀의 대류에 의해서 움직이기 때문이다.

***이 증거는 해령(대양저 산맥)을 축으로 해서 양쪽 암석들에서 대칭적으로 나타나는 지구 자기의 줄무늬를 말한다. 조사 결과 이 줄무늬들은 약 5,000년마다 나타나는 지구 자기의 역전 현상을 기록하고 있었다.

었다. 또 각 대륙의 포유류가 많이 다른 것은 대륙이 분리된 후에 진화했기 때문이며, 오스트레일리아 대륙의 동식물이 특히 다른 것은 가장 오래전부터 나머지 대륙들과 떨어져 있었기 때문이다.

개구리와 박쥐의 차이

울릉도처럼 먼바다에 있는 섬들은 화산 활동으로 생긴 것이 대부분이다. 다윈은 대양의 화산섬들에 독특한 동식물들이 서식한다는(그리고 많은 동식물이 서식하지 않는다는) 것을 알게 되었다. 다윈은 그 이유가 이런 섬들이 대륙과 연결된 적이 없기 때문이라고 했는데, 이는 사실이었다.

> 나는 큰 바다에 흩어져 있는 많은 섬에서 양서류(개구리, 두꺼비, 도롱뇽)를 전혀 볼 수 없다는 이야기를 듣고 직접 확인해 보았다. 그 주장은 사실이었다. …… 양서류와 그 알은 바닷물에서 금세 죽어 버린다고 알려져 있으므로, 바다를 건너오기 어려울 것이다. 따라서 그들이 대양의 섬에 없는 이유도 알 수 있다. 하지만 창조론에 따르면, 그것들이 섬에서만 창조되지 않은 이유가 무엇인지 설명하기 어렵다.

포유류의 경우도 마찬가지였다. 대륙에서 멀리 떨어진 섬에서는 뭍에서 사는 포유류(원주민이 데려다 키우는 가축을 제외하고)를 발견할 수 없었다.

대양의 섬에서는 육상 포유류를 볼 수 없다. 하지만 하늘을 나는 포유류는 거의 모든 섬에서 살고 있다. 뉴질랜드에는 그곳에서만 발견되는 박쥐가 두 종 있으며, 노포크 섬, 비티 군도, 보닌(오가사와라) 제도, 캐롤라인 제도, 메리애나 제도, 모리셔스 섬에도 모두 고유한 박쥐가 있다. 이제 이렇게 물을 수 있다. 왜 이 섬들에서는 창조의 힘이 박쥐에만 작용하고 다른 포유류에는 작용하지 않았을까?

다윈은 창조론으로는 이 질문에 쉽게 답할 수 없지만 자신의 이론으로는 쉽게 답할 수 있다고 했다. 육상 포유류는 넓은 바다를 건너갈 수 없었지만, 박쥐는 날아갈 수 있었다는 것이다. 그리고 박쥐가 대륙에서 멀리 떨어진 섬까지 날아가는 것이 관찰된 예를 들었다.

대양의 섬에 사는 생물들을 조사하면서 다윈이 가장 크게 주목한 부분은 대륙에 사는 생물들과 섬에 사는 생물들 사이의 관계였다. 섬에 사는 생물들은 가장 가까운 대륙의 생물들과 밀접한 유연관계에 있었다. 그러나 같은 종은 아니었다.

남아메리카 대륙으로부터 1천 킬로미터 거리에 있는 갈라파고스 제도의 예를 들어 보자. …… 이 제도에 사는 26종의 새들 중에서 25종은 이곳에서 창조된 독립된 종으로 분류되어 있다. 그런데 이 새들의 습성, 행동, 울음소리 같은 모든 형질은 아메리카 대륙에 사는 새들의 그것과 매우 비슷하다. …… 대륙에서 1천 킬로미터나 떨어진

태평양의 화산섬에서 마치 대륙에 있는 것 같은 착각을 느낄 정도이다. 왜 이런 일이 일어난 것일까? 다른 어느 곳도 아닌 갈라파고스 제도에서 창조되었다는 종이 아메리카 대륙에서 창조되었다는 종과 이렇게 가까운 유연관계를 나타내는 까닭이 무엇일까? 이곳과 남아메리카 대륙의 연안 사이에서는 비슷한 점을 전혀 찾아볼 수 없다. …… 한편 갈라파고스 제도와 카보베르데 제도*는 모두 화산성 토양을 갖고 있으며 섬들의 높이, 크기, 기후 등이 매우 비슷하다. 그런데도 생물은 전혀 다르다. 갈라파고스의 생물이 아메리카 대륙의 생물과 유연관계를 맺고 있는 것처럼, 카보베르데 제도의 생물은 아프리카 대륙의 생물과 유연관계를 맺고 있다. 나는 개별적인 창조라는 시각으로는 이 중대한 사실을 설명할 수 없다고 믿는다.

다윈은 갈라파고스 제도는 아메리카 대륙에서, 카보베르데 제도는 아프리카 대륙에서 이주한 생물을 받아들였기 때문에 이런 일이 일어났다고 보았다. 그 생물들이 오랫동안 격리되어 살면서 변이하고 자연선택이 작용하면서 종의 분화가 일어났다는 것이다. 다윈은 이렇듯 다양한 생물의 지리적 분포를 통해서 자신의 이론이 정확하다는 확신을 얻을 수 있었다.

* 카보베르데 제도는 아프리카 대륙 서안의 베르데 곶에서 약 500킬로미터 떨어진 대서양에 있다.

현재로 드러나는 과거의 진실 18

다윈은 4장에서 "같은 강(綱)에 속한 모든 생물의 유연관계는 때때로 큰 나무로 표현된다."고 했다. 현재 살아 있는 생물들은 새로 움튼 나뭇가지 끝에 달려 있고, 그 밑의 나뭇가지에는 지금까지 멸종한 생물들이 잇달아 있다. 가까운 나뭇가지에 있는 생물들은 서로 가까운 유연관계에 있고, 먼 가지에 있는 생물들은 먼 유연관계에 있다. 나뭇가지가 갈라져 나간다는 것은 하나의 공통 조상으로부터 서로 다른 방향으로 진화가 일어난다는 뜻이다.

그 '생명의 큰 나무'는 한 그루일까, 아니면 여러 그루일까? 하나의 강이 저마다 한 그루의 나무를 이루어서 곤충의 나무, 거미의 나무, 포유류의 나무, 양서류의 나무가 따로 있다는 뜻일까? 아니면 동물의 나무와 식물의 나무가 따로 있는 것일까? 그것도 아니면 동물과 식물, 균류와 원생생물, 그리고 세균과 남조류까지 지구상의 모든 생물이 한 그루의 나무를 이루고 있을까?*

20세기에 들어 지구상의 모든 생물의 유전 정보가 표현되는 방식이 같다**는 것이 밝혀지면서, 많은 과학자들은 진정한 생명의 나무는 한 그루라고 믿고 있다. 그리고 모든 생물의 유연관계는 전체 유전자, 즉 게놈을 분석함으로써 밝힐 수 있다고 생각하게 되었다.

별무리와 생물의 무리

다윈의 시대에는 지금 우리가 알고 있는 것처럼 생물을 분류하거나 생물의 유전 현상을 이해할 수 없었다. 그런데도 다윈은 매우 성실하게 생물의 상호 유연성을 설명하고 있다. 생물들의 유연관계가 진화의 과정과 결과를 그대로 보여 주는 것이라고 믿었기 때문이다.

> 생명의 첫 새벽이 열린 뒤로, 모든 생물들은 점점 더 차이가 나게 되었다는 것이 알려져 있다. 그 생물들은 일정한 무리 밑에 다른 무리들을 두는 식으로 분류할 수 있다. 이런 분류는 밤하늘의 별들을 묶어서 별자리를 정하는 것처럼 임의로 이루어지는 일은 아니다.

밤하늘에서 하나의 별자리로 묶인 별들은 지구에서 볼 때 비슷

*생물의 가장 큰 분류 단위는 계(界)이다. 현재는 모든 생물을 다섯 계로 나누는 것이 보통이다. 생물을 처음 분류할 때에는 모든 생물을 동물계와 식물계로만 구분했다. 하지만 그 뒤로 생물에 대한 연구가 쌓이면서 원생생물계와 모네라계가 추가되었다. 원생생물계에는 짚신벌레 · 아메바 · 유글레나 등 한 개의 핵을 갖는 단세포 생물이 포함되고, 모네라계에는 생물 진화의 역사에서 가장 오래된 세균과 남조류 같은 원핵생물들이 포함된다. 원핵생물은 DNA가 핵막으로 둘러싸이지 않고, 분자 상태로 세포질 속에 존재하는 것이 특징이다. 다섯째 계는 곰팡이 · 버섯 등의 균계이다. 예전에는 균류를 광합성을 하지 않는 식물로 분류했으나, 녹색 식물과의 공통점이 거의 없으므로 지금은 독립된 계로 분류하고 있다.

**이런 이유로, 사람과 매우 먼 유연관계에 있는 대장균(모네라계)으로 하여금 인슐린이나 성장 호르몬 같은 사람의 단백질을 대신 만들도록 하는 유전 공학이 발달할 수 있었다.

한 방향에 있다는 것을 제외하면 어떤 공통점도 없다. 같은 별자리에 큰 별과 작은 별, 멀리 있는 별과 가까운 별들이 모여 있는 것이다. 그렇다면 별자리를 정하는 것과 달리 생물을 분류하는 데에는 어떤 절대적인 기준이 있다는 것일까?

> 모든 시대를 통해 모든 생물을 일정한 단계를 갖는 다양한 무리로 분류하는 일, 그리고 지금 살아 있거나 멸종한 모든 생물을 거대한 체제 속에 결합하는 유연관계의 본성은 …… 가까운 혈연관계에 있는 생물들은 공통 조상을 갖는다는 시각에서 보면 자연스러운 결론이라고 할 수 있다. 자연선택을 통해 생물들의 변화, 그리고 형질의 소멸과 분기(分岐)가 일어난 것이다.

다윈은 이 혈연이라는 요소를 확대해서 사용하면 자연의 체계가 무엇을 의미하는지 이해할 수 있으며, 각 분류 단계(강, 목, 과, 속, 종 등)에 따라 획득된 변화의 정도를 가지고 계통 분류를 할 수 있다고 했다. 이렇게 말할 때 다윈의 눈앞에는 생명의 큰 나무라는 그림이 그려지고 있었을 것이다.

사람, 고래, 박쥐의 앞발

이어서 다윈은 생물의 상호 유연성을 보여 주는 몇 가지 사례를 내놓았다. 이 사례들은 흔히 진화의 간접적인 증거로 다루어지는 것들인데, 첫째는 생물의 형태학, 둘째는 발생학, 그리고 셋째는 흔적 기관과 관련된 내용이다. 다윈은 그 모든 내용을 상세하고 적절하게 설명하고 있다. 다음은 형태학과 관련된 내용이다.

> 우리는 같은 강에 속한 모든 생물이 생활 습성과는 무관하게, 매우 비슷한 기본 구조를 갖고 있다는 것을 알게 되었다. …… 같은 강에 속하는 서로 다른 종들이 상동 기관을 갖는다는 것이다. …… 물건을 쥘 수 있는 사람의 손, 땅파기에 좋은 두더지의 앞발, 말의 앞다리, 돌고래의 지느러미처럼 생긴 앞발, 박쥐의 날개가 모두 같은 구조를 갖고 있으며, 상대적으로 같은 위치에 같은 뼈를 갖고 있다는 것보다 흥미로운 일이 있을까? 생틸레르는 상동 기관에서는 상대적인 연결이 매우 중요하다고 힘주어 이야기했다. 각 부분의 모양과 크기는 얼마든지 변할 수 있지만, 그들이 연결된 순서는 항상 똑같다는

여러 동물의 상동기관

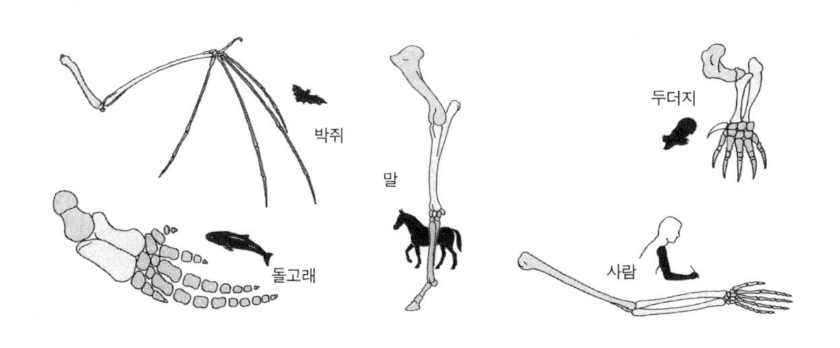

> 것이다. 예를 들어 위팔뼈와 아래팔뼈, 또는 넓적다리뼈와 정강이뼈의 위치가 바뀌는 일은 절대 없다. 따라서 서로 매우 다른 동물들이라도 상동 관계에 있는 뼈에는 같은 이름을 붙일 수 있다.

다윈은 곤충 입의 구조에서도 같은 원리를 볼 수 있다고 했다. 박각시나방의 긴 나선형의 입, 꿀벌의 묘하게 접힌 입, 딱정벌레의 커다란 턱을 예로 들면서, 서로 다른 일을 하는 이 기관들 역시 모두 똑같은 기본 구조가 다양하게 변화한 결과라고 설명한 것이다. 그리고 다윈은 묻는다. 같은 강의 생물들이 이렇게 서로 유사한 기본 구조를 갖는 데에는 어떤 이익이 있을까? 아니면 어떤 결정적인 원인이라도 있는 것일까? 다윈은 어떤 이익도, 궁극적인 원인도 찾을 수 없었다.

> 흔히 믿고 있는 것처럼 각각의 생명이 독립적으로 창조되었다고 하면, 우리는 다만 그렇기 때문에 그렇다고밖에 할 수 없다. 조물주가 동식물을 하나하나 만들어 내기를 즐겼다는 것이다.

하지만 다윈은 자신의 이론을 이용하면 상동 기관이 나타나는 이유를 분명하게 설명할 수 있다고 생각했다. 연속적으로 일어난 작은 변이들이 자연선택 과정에서 축적되어 기본 구조는 같지만 모양과 쓰임새가 다른 기관들을 만들어 냈다는 것이다.

이런 변화에서는, 몸의 기본 구조가 변하거나 각 부분들이 서로 위치를 바꾸는 일이 일어나지 않을 것이다. 다리뼈가 어느 정도 짧아지고 넓어지다가 점차 두꺼운 막으로 싸여 지느러미와 같은 일을 하게 될 수도 있다. 아니면 물갈퀴 같은 것으로 연결된 발의 뼈들이 길어지고 그것들을 이어 주는 막도 커져서 날개로 기능하게 될 수도 있다. 하지만 이런 커다란 변화가 일어난다고 해도 뼈의 구조나 여러 부분이 연결된 방식이 변하지는 않을 것이다. 만일 모든 포유류의 원형이라고 할 오래전의 조상이, 어떤 용도로 쓰였든 현재와 같은 기본 구조의 네 다리를 갖고 있었다고 가정한다면, 우리는 그 강(綱)에 속한 모든 동물의 네 다리가 보여 주는 상동 관계에 내포된 중요한 의미를 즉시 파악할 수 있다. 이는 곤충의 입의 경우에도 마찬가지이다.

따개비는 갑각류

이어서 다윈은 발생학과 관련된 내용을 서술하고 있다. 같은 강에 속하는 서로 다른 동물의 배(胚)가 매우 닮았다는 것이다. 배는 여러 세포로 이루어진 생물, 즉 다세포 생물에서 개체 발생*의 초기 단계에 있는 생물체를 가리키는 말이다. 동물의 경우에는 발생하고 있는 어린 개체, 식물의 경우에는 수정란이 어느 정도 발달한 어린 식물체라는 뜻이다.

*개체 발생이란 다세포 생물의 개체가 수정란이나 포자로부터 완전한 성체가 되기까지의 과정을 가리킨다.

성체에서는 크게 다른 몇몇 기관들이 배에서는 매우 비슷한 것을 알 수 있다. 또한 같은 강에 속하는 다른 동물들의 배가 놀라울 정도로 닮은 경우도 많다. 아가시가 겪은 일은 이 사실을 잘 확인시켜 준다. 그는 어떤 척추동물의 배에 이름표를 붙여 놓는 것을 잊었는데, 이제 와서는 그만 그것이 포유류의 배였는지, 아니면 조류나 파충류의 배였는지 알 수 없게 되었다는 것이다. 또한 나방이나 파리, 딱정벌레의 꿈틀거리는 애벌레들도 성충들보다 서로 훨씬 더 많이 닮았다.

다윈은 스스로 활동을 하지 않는 배의 구조는 대체로 생활 조건과 밀접한 관계에 있지 않다는 것을 알게 되었다. 하지만 스스로 활동을 하는 유생의 경우에는 생활환경에 완전히 적응해 있었다. 그런데 같은 종류의 생물들에서는 이런 유생들도 대개 비슷했다.

만각류*는 좋은 예를 제공한다. 저 유명한 퀴비에조차 따개비가 갑각류라는 것을 알지 못했다. 하지만 그 유생을 보면 그것이 갑각류라는 것을 바로 알 수 있다.** 만각류는 크게 두 종류로 나뉘는데, 비록 그 성체들은 다르지만 유생들은 대부분 서로 구별할 수 없을 정도로 닮았다.

*만각류는 절지동물 갑각류 만각목(만각아강으로 분류하기도 함)에 속하는 따개비, 거북손 같이 고착 생활을 하는 동물들을 말한다. 다윈의 아들은 친구 집에 가서 "너희 아버지는 어디에서 따개비를 갖고 일하시니?" 하고 물었다고 한다. 다윈의 자녀들은 '따개비' 같은 것을 갖고 하는 것만이 '일'이라고 생각한 것이다.

**갑각류에 속하는 동물에는 새우 · 가재 · 게 등이 있는데, 이들은 성체가 되기까지 몇 단계의 복잡한 유생기를 거친다.

따개비에는 여러 종류가 있지만 보통 화산 모양을 하고 있다(위). 그러나 유생은 다른 갑각류의 것과 거의 비슷하다. 따개비의 유생과 새우의 유생(아래).

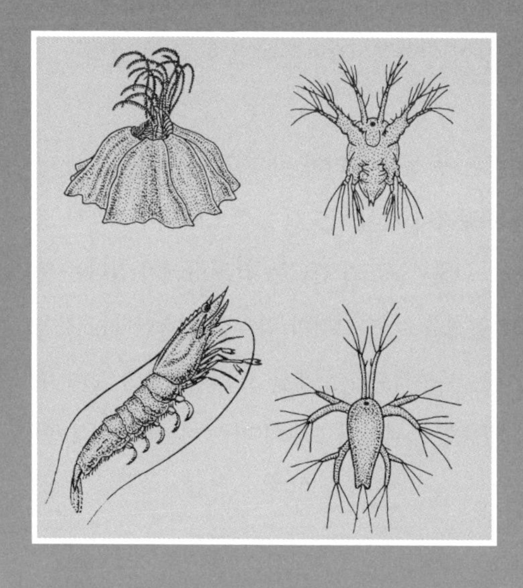

다윈은 동물의 발생과 관련된 이 모든 사실을 변이와 자연선택의 이론으로 설명할 수 있다고 보았다. 같은 종류의 동물들이 비슷한 배를 갖는 것은, 그 동물들이 진화하는 동안 변이가 일어났는데, 이 변이가 처음부터 작용하는 것이 아니라 나중에 작용할 수도 있기 때문이라는 것이다. 이는 생물이 진화 과정에서 획득한 새로운 유전자가 늦은 시기에 발현하는 것으로 이해할 수 있다.

> 내가 얻은 결론은, 각각의 종이 현재의 구조를 갖도록 만든 여러 연속적인 변이가 생애의 매우 이른 시기가 아닌 때에도 일어날 수 있다는 것이다. 가축에서는 이에 대한 몇 가지 직접적인 증거를 얻을 수 있었다.

헤켈의 도그마

다윈에게 있어 배는 크게 변화하지 않은 상태의 생물이었다. 따라서 그것은 그 생물의 조상의 구조를 보여 준다고 할 수 있었다.

> 구조나 습성이 크게 다른 두 동물 무리가 비슷한(또는 같은) 발생 단계를 거친다면, 그들은 같거나 거의 비슷한 조상으로부터 유래한 것이라고 할 수 있다. …… 배의 구조가 같다는 것은 유래가 같다는 뜻이다. …… 만각류의 유생을 보면 그것이 갑각강에 속한다는 것을 알 수 있다. 배의 상태는 부분적으로 오래전 조상의 구조를 보여 주므로, 우리는 옛날에 멸종한 생물들이 그들의 자손(현존하는 여러 종)

의 배를 닮을 수밖에 없는 이유를 분명히 이해할 수 있다.

헤켈이 이 일을 잘못 받아들여서, "생물의 개체 발생은 계통 발생을 되풀이한다."는 도그마*를 정립했다. 하지만 서로 다른 생물의 개체 발생에서 나타나는 공통점은 "생물의 개체 발생은 모든 진화 과정을 거쳐야만 한다."는 도그마로서가 아니라, 생물들이 진화하면서 획득한 수많은 변이가 생애의 다양한 시기에 나타나기 때문이라고 해석해야 할 것이다. 다윈이 그러했듯이.

흔적 기관

다윈은 흔적 기관에 대해 이야기하면서 포유류 수컷의 유방, 뱀의 골반과 뒷다리의 흔적, 이가 없는 고래의 배에서 이를 볼 수 있는 일, 새의 배에서 이의 흔적을 볼 수 있는 일, 날 수 없는 곤충의 날개 등을 예로 들었다.

박물학의 여러 저서에서는 흔적 기관이 '균형을 위해', 또는 '자연의 계획을 완성하기 위해' 창조된 것이라고 말한다. 이는 설명이 아니라 사실을 고쳐 말한 데에 지나지 않는 것 같다. 행성들이 태양 주위를 타원 궤도를 그리며 돌기 때문에, 위성도 균형을 위해서, 그리고 자연의 계획을 완성하기 위해서 행성 주위를 타원 궤도를 그리며 돈다

* 여기에서는 무조건적이고 독단적인 학설이라는 의미로 '도그마'라는 말을 사용했다.

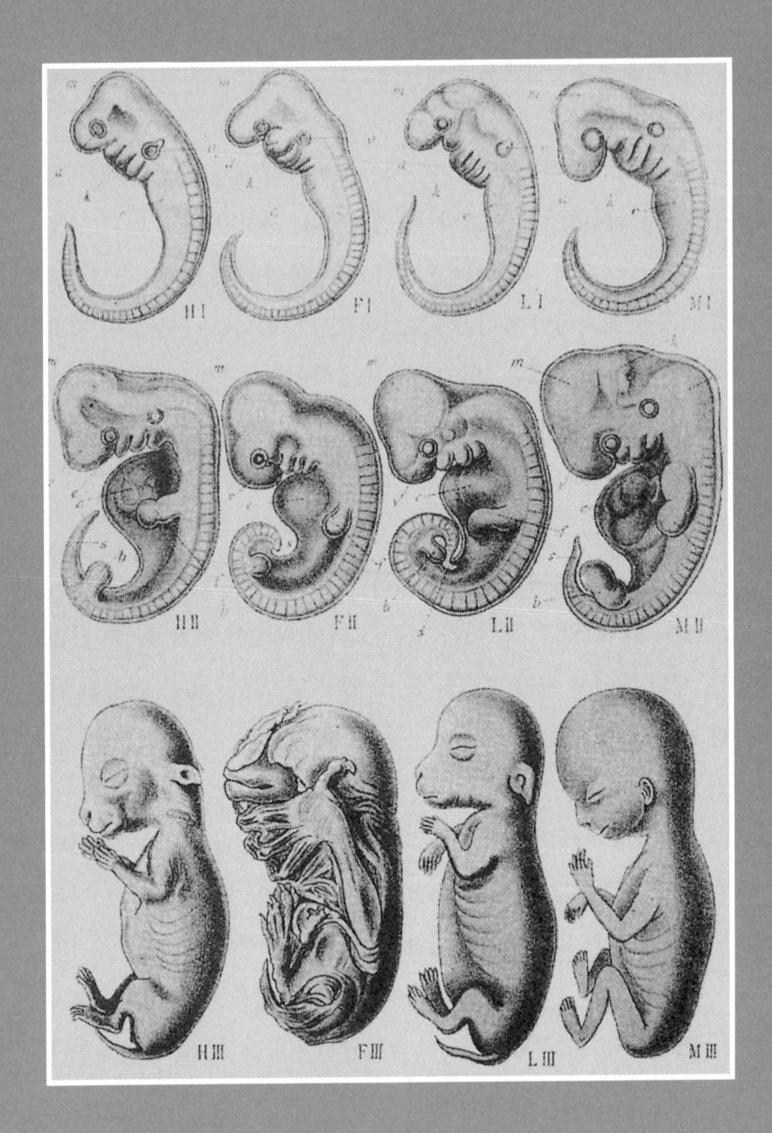

헤켈의 책에 실린 삽화. 개, 박쥐, 토끼, 사람의 배가 발육해가는 모습을 보여 준다. 헤켈은 생물의 개체 발생은 계통 발생을 되풀이한다고 주장했다. 그러나 개체 발생에서 나타나는 공통점은 생물이 진화로 획득한 수많은 변이가 생애의 다양한 시기에 나타나기 때문이라고 해석해야 할 것이다.

고 할 수 있을까?

다윈이 보기에 흔적 기관의 유래는 매우 간단했다. 쓰임새가 적은 기관이 세대를 거듭하면서 점차 퇴화해서 흔적 기관으로 남았다는 것이다. 자연선택이 기관을 서서히 퇴화시켜 마침내 그것을 무해한 흔적으로 만든 것이다.

> 불용(不用)* 또는 자연선택에 의해 기관이 퇴화하는 것은 대체로 생물이 자라서 충분히 활동할 수 있게 된 시기일 것이다. 유전의 원리에 의해서 기관의 퇴화는 과거에 그 일이 일어난 것과 같은 시기에 나타날 것이다. 따라서 배는 거의 영향을 받지 않는다. 이 일을 통해서 우리는, 흔적 기관이 배에서는 상대적으로 크고 성체에서는 작은 이유를 이해할 수 있다.

변이의 계승, 즉 자연선택설의 관점에서 다윈은 흔적 기관에 대해 다음과 같은 결론을 얻을 수 있었다.

> 불완전하고 쓸모없는 상태에 놓인 흔적 기관의 존재는, 창조론에서처럼 어려운 문제를 일으키기는커녕, 오히려 유전의 법칙으로 설명할 수 있는 예상 가능한 일이라고 할 수 있다.

* 용(用), 불용(不用)에 의한 획득 형질의 유전이 진화의 원인이라는 것은 잘못된 이론으로 밝혀졌다. 이에 대해서는 이 책의 5장 '생물은 어떻게 진화하는가'를 참고할 것.

다윈은 이렇듯 현존하는 여러 생물의 형태와 발생 과정, 그리고 흔적 기관에서 과거의 진실을 볼 수 있는 혜안을 갖고 있었다.

위엄이 깃들어 있는 이론 19

리처드 도킨스는 『눈먼 시계공』 서문에서 이런 이야기를 하고 있다.

> 많은 사람들이 양자론이나 아인슈타인의 특수 상대성 이론, 일반 상대성 이론을 이해하지 못한다. 하지만 그 이유만으로 이 이론들에 반대하지는 않는다. 아인슈타인의 이론과 달리 다윈의 이론은 온갖 종류의 무지한 비평가들에게 쉬운 공격 목표로 보이는 모양이다.

어쩌면 다윈 이론의 가장 큰 고충은 모든 사람이 그것을 잘 이해하고 있다고 생각하는 것인지도 모른다. 그렇게 생각하는 사람들 중 일부는 다윈 이론이 인간 사회를 생존 경쟁의 정글로 만들었다고 비난한다. 또 다른 일부는 '발전을 위한 것'*이라며 자연계의 비정한** 생존 경쟁을 인간 사회에 그대로 대입해서 인간 세상을

*굴드는 진화가 진보 또는 발전이라는 생각이 크게 잘못되었다고 본다. 인류가 가장 성공한 종이라는 것은 착각에 지나지 않으며, 생명이 출현한 뒤로 지금까지 지구는 늘 미생물들의 것이었고, 따라서 인류는 겸손을 배워야 한다는 것이다. 그의 관점에 따르면 진화의 결과는 진보가 아니라 '다양성의 증가'이다.

**여기에서 비정하다는 것은 말 그대로 인간다운 감정(인정)이 없다는 뜻이지, 좋다거나 나쁘다는 뜻이 아니다.

정말 정글로 만들려고 한다.

다윈으로서는 참으로 억울한 일일 것이다. 다윈은 인간 사회에 생존 경쟁을 대입할 수 있다거나 그래야 한다는 생각을 할 정도로 어리석은 사람이 아니었기 때문이다. 다윈의 글을 찬찬히 읽어 보면 알 수 있듯이, 그는 오히려 자연계의 생존을 위한 투쟁에서도 희망과 아름다움을 찾는 따뜻한 눈을 갖고 있었다.

뜨거운 신념

도킨스는 다시 말한다. "사람의 뇌는 다윈의 이론을 믿지 못하게끔 특별히 설계된 것 같다."고. 그리고 그 이유를 들고 있다. 한 가지 이유는 우리 뇌가 진화에 소요되는 시간 규모와는 비교할 수도 없이 짧은 시간에만 익숙하기 때문이다. 우리는 완결되기까지 몇 초, 몇 분, 몇 년, 기껏해야 몇 십 년 걸리는 일들만 이해할 수 있다는 것이다. 또 다른 이유는 인류가 공학과 예술 분야에서 거둔 창조자로서의 위업이다. 그 때문에 복잡하고 세련된 것은 모두 정교한 설계 과정을 거쳐야 한다고 생각한다는 것이다.

다윈은 사람들이 자신의 이론에 쉽게 동의할 수 없으리라는 것을 잘 알고 있었다. 그런데도 다윈은 마지막까지 자신의 이론에 대한 뜨거운 믿음을 드러내고 있다.

나는 이 책에서 이야기한 모든 내용이 진실이라는 것을 확신하고 있다. 하지만 오랫동안 나와는 정반대의 관점에서 바라본 수많은 사실들로 마음을 가득 채운 경험 많은 박물학자들에게 그런 확신을 주리라고는 기대하지 않는다. …… 설명할 수 있었던 상당수의 사실보다 설명하지 못한 난제들에 더 큰 비중을 두는 사람들이라면 틀림없이 내 이론을 거부할 것이다. 사고의 유연성을 갖춘, 종의 불변이라는 개념에 이미 의심을 품기 시작한 소수의 박물학자들은 이 책에 영향을 받을 것이다. 하지만 나는 확신을 갖고 미래에, 젊은 박물학자들에 기대를 걸고 있다. 그들은 편견 없이 그 문제의 양면을 모두 볼 수 있을 것이기 때문이다. 종이 변화할 수 있다고 믿게 된 사람은 누구나 그 신념을 진지하게 표명함으로써 도움을 줄 수 있다. 그렇게 해야만 이 문제를 억누르고 있는 편견의 무거운 짐을 내려놓을 수 있기 때문이다.

닭이냐, 달걀이냐

『종의 기원』 마지막 장인 14장 '요약과 결론'은 앞에서 논의한 중요한 사실과 추론들을 간단히 이야기하는 것으로 되어 있다. 생물종이 변화할 수 있는 것이라는 다윈의 신념은 다음과 같은 글 속에 잘 드러나 있다.

어떤 저자들은 창조라는 기적과 같은 일에 대해, 보통으로 새끼들이 태어나는 것에 비해 크게 놀랄 일이 아닌 것처럼 느끼는 것 같다. 그들은 정말로 지구 역사의 수많은 시기에, 특정 원소의 원자들이 갑자기 살아 있는 조직을 이루도록 명령을 받았다고 믿는 것일까? 그렇다면 그들은 각각의 창조 행위에서 한 개체가 생겨났다고 믿는 것일까, 아니면 여러 개체가 함께 생겨났다고 믿는 것일까? 헤아릴 수 없을 만큼 다양한 동식물들은 모두 알이나 종자로 창조된 것일까, 아니면 다 자란 모습으로 창조된 것일까? 그리고 포유류는 어미의 자궁에서 영양을 받아들였음을 보여 주는 표시*를 거짓으로 달고 창조된 것일까? 그 박물학자들은 종이 변할 수 있다고 믿는 사람에게는 모든 어려운 문제를 완전히 설명할 것을 매우 단호하게 요구하면서도, 자기 쪽에서는 종의 출현을 둘러싼 모든 주제를 그들이 신성한 침묵이라고 여기는 것 속에서 묵살해 버린다.

다윈은 이렇듯 닭이 창조될 때 달걀로 창조되었는가, 아니면 닭으로 창조되었는가, 또 포유류들은 가짜로 배꼽을 달고 창조되었을까 하는, 어찌 보면 상당히 유머가 느껴지는 질문을 던지면서 자신의 신념을 다시 한 번 밝히고 있다. 어떤 창조론자라도 이런 질문에 선뜻 답할 수는 없을 것이다.

먼 미래의 생물들

생물의 종이 변화한다는 것은 모든 종이 계속 변화하면서 살아남는다는 뜻은 아니다. 그 과정에서 수많은 생물들이 자신의 자리, 즉 생태적 지위를 내놓고 멸종하고, 그 자리를 물려받은 것들은 새

* 배꼽을 말한다.

로이 진화한다.

과거의 사실로부터 판단할 때, 현존하는 어떤 종도 먼 미래에까지 변함없이 자신을 닮은 모습을 그대로 전하는 일은 없을 거라고 추론할 수 있다. 그리고 지금 살아 있는 생물들 중에서 극소수만이 아득히 먼 미래에까지 어떤 형태로든 자손을 남길 수 있을 것이다. 모든 생물을 분류해 보면 각 속(屬)의 많은 종이, 그리고 여러 속의 모든 종이 그 어떤 자손도 남기지 않고 완전히 멸종해 버렸다는 것을 알 수 있기 때문이다.

이쯤에서 불현듯 다음과 같은 질문이 떠오를 수도 있다.

"몇 백만 년, 몇 천만 년 후 인류는 어떤 모습으로 변해 있을까? 아니, 그때까지 지구에 인류의 후손이 살고 있을까?"

다윈 자신도 스스로 이런 질문을 던졌을까? 나는 누구에게나 숲의 고요 속에서 생각을 놓아 버리는 시간이 필요하듯이, 가끔 이런 질문을 던지고 흐르는 시공간 속에서 자신의 위치를 돌아보는 시간이 필요하다고 생각한다. 다윈이 『종의 기원』 마지막 단락에 남긴 글을 보면 더욱 그렇다.

떨기나무 숲에서 새들이 지저귀고, 여러 가지 곤충이 이리저리 날아다니며, 축축한 흙 속으로 벌레들이 기어다니는, 갖가지 수많은 식물로 덮여 있는 강기슭을 눈여겨보면서, 서로 매우 복잡한 방식으로 의

지하고 있는 서로 다른 이 정교한 구조의 생물들이 모두, 우리 주위에서 작용하고 있는 법칙들에 의해 생겨났다는 것을 되새겨 보는 것은 흥미로운 일이다. 이 법칙들이란 가장 넓은 의미로서의 '생식'과 '성장', 그리고 생식 속에 포함된다고 할 수 있는 '유전', 생활 조건의 직간접적인 작용과 용 · 불용에 의해서 생겨나는 '변이', '생존 경쟁'을 유발해서 결과적으로 '자연선택'에 의한 '형질의 분기'와 덜 개량된 생물형의 '절멸'을 일으키는 높은 '번식률' 등이다. 이렇게 해서, 우리가 생각할 수 있는 가장 고귀한 일이라 할 고등 동물의 출현이 대자연의 투쟁, 기근과 죽음에 뒤이어 나타나는 것이다. 태초에 조물주에 의해* 하나 또는 소수의 형태에 몇 가지 능력과 함께 생명의 숨결이 불어넣어졌다고 하는, 그리고 이 행성이 확고한 중력의 법칙에 따라 주기적으로 돌아가는 동안, 이토록 단순한 시작으로부터 지극히 아름답고 지극히 경이로운 무수한 생명 형태들이 진화했고 지금도 진화하고 있다는 시각에는 위엄이 깃들어 있다.

이 위엄이 깃든 시각과 함께 우리 인류는 자연 앞에서, 생명 앞에서, 그리고 그 아름다움 앞에서 겸손을 배울 수 있을 것이다.

* '조물주에 의해'라는 표현은 『종의 기원』 초판에는 없었으나 약 한 달 뒤 간행된 2판에는 삽입되었다. 다윈이 그토록 짧은 시일에 이런 문구를 삽입한 것을 보면 그가 사회적으로 얼마나 커다란 압력을 받았는지 짐작할 수 있다.

만년의 찰스 다윈.

| 에필로그 |

진화론과 다양성의 옹호

『종의 기원』은 인류 역사에 커다란 획을 그은 책이다. 그런 책의 첫 장에는 으레 거창한 내용이 들어 있을 것이라고 생각하기 쉽다. 하지만 다윈은 이런 기대를 보기 좋게 깨뜨린다. 첫 장은 다윈이 오랫동안 기르고 교배하고 관찰한 비둘기에 대한 이야기가 주를 이룬다. 오리와 고양이, 닭, 말, 개 등 다른 가축 이야기도 나온다.

다윈이 첫 장을 통해 독자와 함께 얻으려고 한 결론은 "기르는 동물들이 사람의 선택에 의해 다양한 변이를 나타낸다."는 것이다. 대수롭지 않은 이야기처럼 보이는 첫 장부터 다윈은 이렇게 자신의 이론에서 가장 중요한 두 개념을 내놓았다. 그 둘은 변이와 선택이다. 다윈의 이론을 지탱하는 또 하나의 중요한 개념은 '과잉 생산'이다. 모든 생물은 환경조건이 허락하는 것보다 많은 자손을 남긴다는 것이다.

이 세 가지 개념은 다음과 같이 간단히 정리할 수 있다. 첫째, 생물은 '변이'를 나타내는데 그것은 자손에게 유전된다. 둘째, 생물은 살아남을 수 있는 것보다 '많은 자손'을 낳는다. 셋째, 유리한 변이를 나타내는 생물들이 '선택'되어 자손을 남긴다.

첫째와 둘째는 누가 보아도 분명한 사실이다. 그 두 사실에서 셋째 결론에 이르는 것도 자연스러워 보인다. 다윈이 이렇게 명료한 이론을 20년이 넘도록 마음에 담아 두고 발표하지 못한 까닭은 무엇일까? 그리고 그 이론의 발표가 사회적으로 엄청난 충격을 던진 이유는 무엇일까?

누가 선택하는가?

그것은 선택의 주체가 누구인가 하는 문제와 관계가 있다. 다윈은 『종의 기원』에서 세 가지 선택의 주체를 이야기했다. 하나는 사람이 마련한 환경(인위 선택), 또 하나는 자연환경(자연선택), 다른 하나는 사회 환경(자웅 선택)이다. 다윈은 지구라는 무대에 수없이 등장했다가 사라진 생물들과 지금 살아 있는 생물들의 변화를 일으킨 가장 중요한 원동력이 자연선택이라고 했다.

다윈은 처음부터 자신의 생각이 얼마나 무서운 것인지 잘 알고 있었다. 다윈의 많은 이웃들은 성서에 쓰인 그대로 생물 종이 천지창조 이래 조금도 변하지 않았다고 믿었다. 종이 변할 수 있다는 생각을 가진 사람들도 그 변화를 일으키는 것은 신이라고 믿었다. 자연이 선택의 주체라니, 있을 수 없는 일이었다.

다윈은 처음부터 『종의 기원』에서 인류의 기원과 생명의 기원 문제는 다루지 않을 것임을 분명히 했다. 이렇게 중요한 문제들을 비껴갔다는 것은 역설적으로 그의 철학이 유물론에 기울었음을 말해 준다고 볼 수 있다. 12년 뒤인 1871년에 발표한 책 『인류의 유래』에는 이런 입장이 잘 드러나 있다. 이 책에서 그는 사람이 다른 동물과 비슷한 구조와 행동을 나타낸다는 사실을 통해서 인류가 다른 생물과 같은 과정을 거쳐 진화했다고 본다는 입장을 밝혔다. 사람의 정신도 뇌의 진화 과정에서 획득된 것으로 여긴 것이다. 다윈으로서는 이런 입장이 알려졌을 때 쏟아질 비난과 가족이 겪을 수밖에 없는 마음고생을 피하고 싶었을 것이다.

신(新)다윈설

다윈이 자연선택설의 발표를 미룬 데에는 엄밀한 과학성을 유지하려 한 열망도 한몫했을 것이다. 다윈은 정확한 유전 법칙도, 유전자에 대해서도 알지 못했다. 그는 여러 생물의 특징이 어떻게 유전되는가를 관찰할 수는 있었지만 그 원리를 딱 떨어지게 설명할 수는 없었다. 다윈은 생물이 사는 동안에 얻은 형질, 즉 획득 형질이 유전된다고 함으로써 많은 것들을 설명하려고 했다. 그래도 문제는 남았다.

다윈은 특히 어떤 부분의 설명이 부족한지 잘 알고 있었다. 그래서 『종의 기원』 곳곳에 이런 사실을 솔직하게 시인하는 글을 남겨 두었다. 하지만 자신이 확신하게 된 부분에서는 누구라도 고개를 끄덕이지 않을 수 없도록 만드는 방대한 증거를 제시했다. 다윈과 비슷한 시기에 자연선택설을 완성한 월리스는 "자신이 그 이론을 발표했다면 그렇게 커다란 영향을 주지 못했을 것"이라고 했다. 그 말이 단순한 인사치레로 느껴지지 않는 이유가 여기에 있다.

지금은 유전자와 DNA, 그리고 유전자 돌연변이에 대한 많은 내용이 밝혀졌다. 따라서 다윈이 골치를 썩었던 많은 일들을 설명할 수 있게 되었다. 종의 구분이나 변이에 대한 내용이 특히 그렇다. 다윈이 내놓은 이론에서 획득 형질의 유전이라는 개념을 버리고 유전에 대한 연구 결과를 통합한 것을 신다윈설이라고 한다.

다양한 독자들

다윈은 자신의 이론을 오래 묵혀 발표하는 만큼 『종의 기원』이 설득력 있는 책이 되기를 바랐다. 그는 그 동안 쌓아 놓은 수많은 근거를 촘촘히 엮어서 책을 썼다. 그 결과 『종의 기원』은 당시의 과학자들은 물론 일반 독자들에게도 커다란 영향을 줄 수 있었다. 사람들은 그 책에서 제시한 수많은 증거들을 그냥 무시하고 지나칠 수가 없었다.

『종의 기원』은 다양한 사람들에게 영향을 주었다. 개인주의자들은 개체, 즉 개인의 변화를 통해 진화가 일어난다는 데에 만족했다. 개인이 그만큼 중요한 존재가 된 것이다. 유물론자들은 다윈의 이론이 생명 현상과 관련해서 자신들의 이론을 입증해 준다고 반가워했다. 인간의 정신이 물질의 속성이라는 유물론의 명제를 인류의 진화 과정으로 설명할 수 있다고 본 것이다. 다른 한편에는 다윈의 이론이 품고 있는 불경한 뜻에 놀라 목청을 높여 반대하는 사람과 충격으로 입을 닫아 버린 사람들이 있었다.

다윈의 이론을 자신의 입맛에 맞추어 왜곡한 사례는 많다. 그 중에 다윈의 이론을 가장 악의적으로 비틀어 버린 것은 '사회적 다윈주의'를 주장한 사람들이었다. 사회적 다윈주의는 사회주의와도 다윈주의와도 아무 관계 없는 이데올로기이다. 그것을 만들어 낸 사람들은 『종의 기원』에서 생존 경쟁, 적자생존 같은 단어들만 뽑아내어 깃발을 흔들어 댔다.

자연계의 생존 경쟁을 인간 사회에 그대로 도입할 때 박애와 평등은 설자리를 잃는다. 사회적 다윈주의의 깃발 아래에서는 사람이 사람을 차별하는 것이 당연했다. 힘센 사람이 약한 사람을, 지위가 높은 사람이 낮은 사람을, 부자가 가난한 사람을, 남성이 여성을 차별할 수 있었다. 국가가 가난한 사람, 약한 사람을 도울 필요도 없었다. 지적 능력의 한 측면에 불과한 지능 지수(IQ)를 사람의 총체적인 정신 능력을 측정하는 숫자로 오해하고 사람들을 차별하는 일이 과학의 이름으로 벌어질 수 있었다.

차별은 개인과 개인 사이에서 그치지 않았다. 강한 민족이 약한 민족을 치고, 힘센 부자 나라가 가난한 나라를 식민지로 삼는 것도 정당한 일이었다. 열등하다는 딱지가 붙은 민족을 학살하는 일까지 벌어졌다. 그리고 사회적 다윈주의에서 비롯된 인종 차별주의는 아직도 사그라지지 않고 있다.

다윈을 위한 변명

다윈으로서는 억울한 일일 것이다. 자신의 자연선택설은 사회적 다윈주의와 아무 관계도 없는데, 이름을 도용당했기 때문이다. 다윈은 『인류의 유래』에서 문명 사회에서는 자연선택의 원리가 작용하지 않는다고 분명히 밝혔다.

다윈은 그 책에서 자웅 선택을 더욱 무게 있게 다루었다. 자웅 선택은 사회적 선택의 한 종류이다. 선택의 동력이 되는 것은 환경 변화이지만, 환경에는 자연환경뿐만 아니라 사회적인 환경도 있다. 사회 생활을 하는 종에게는 사회 환경이 선택에 커다란 영향을 미칠 것이다. 사람처럼 복잡한 사회 생활을 하는 경우에 사회적 선택이 가장 중요한 의미를 갖는다는 것은 두말할 나위도 없다. 그리고 그 사회 환경이 어떻게 변화하는가는 사람의 손에 달려 있다.

인류는 생물학적 진화만으로 이해할 수 있는 존재가 아니다. 인류의 진화에는 생물학과 함께 사회 문화가 커다란 영향을 미쳤다. 사람이 세계와 맺고 있는 관계는 하도 많아 헤아릴 수조차 없을 정도이다. 그 많은 관계 중에서 어느 한 부분을 강조할 때 문제가 생긴다. 생물학에서는 획득 형질의 유전이라는 개념이 완전히 폐기되었지만, 문화의 진화에서는 획득 형질이 사라지지 않는다. 조상이 획득한 문화는 계속 후대에 전달된다.

과학 이론을 사회 현상에 그대로 끌어대는 것처럼 어리석은 일은 없다. 하지만 많은 사람이 그런 유혹에 빠지는 것을 보게 된다.

진화는 발전인가

컴퓨터 같은 상품의 광고문에 "진화한다."는 구절이 쓰인 것을 자주 보게 된다. '진화'와 '발전'을 같은 뜻으로 여기는 사람들이 그

만큼 많다는 뜻이다.

다윈이 그린 진화의 그림은 생명체가 사다리를 기어오르는 꼴이 아니었다. 생명의 사다리란 열등한 생명이 고등한 생명으로 발전한다는 것을 뜻하지 않던가. 다윈은 지금까지 지구에서 살아온 수많은 생명체들의 자리를 나무에서 찾았다. 그 나무의 모든 가지 끝에는 지금 살아 있는 모든 생물들이 자리잡고 있다.

나무줄기를 차지한 원시 생명에서 가지 끝에 달린 현생 생물들에 이르는 진화는 낮은 계급에서 높은 계급으로 올라가는 것을 뜻하지 않는다. 그렇게 가지 쳐 나아가는 관계에서 진화는 발전이 아니라, 다양성의 증가일 뿐이다.

다윈이 딱정벌레와 따개비를 사랑했다는 것은 널리 알려진 사실이다. 다윈에게는 진화의 계단을 올라가야 하는 열등한 생물도, 그 계단 꼭대기에 서 있는 우수한 생물도 없었다. 사람을 포함한 지상의 모든 생물은 아름다운 생명의 큰 나무를 덮고 있었다.

생명체를 잘난 것과 못난 것으로 가르지 않는 다윈의 태도는 사람을 잘난 이와 못난이로 가르지 않고, 우월한 민족, 열등한 민족을 가르지 않는 일로 이어질 수 있다는 생각이다. 다윈의 사상은 이렇게 『종의 기원』이 발표되고 150년이 지나도록 여전히 빛을 발하고 있다. 인류가 자연 앞에 겸손해야 하는 이유를 그보다 더 잘 말해 줄 수 있을까. 우리 할아버지 할머니들이 보여 준 자연과 친한 삶에서 그 사상의 다른 모습을 언뜻 본 듯도 하다. 그분들에게도 자연은 정복의 대상이 아니었으니.

인용문 참조

1

19쪽 : 다윈, 『비글호 항해기』(Charles Darwin, *The Voyage of the Beagle*, P. F. Collier & Son Corporation, 1937) 1장, p.11

24쪽 : 다윈, 같은 책 4장, pp.76~77

2

28쪽 : 다윈, 같은 책 5장, p.88

30쪽 : 다윈, 같은 책 5장, pp.88~90

32쪽 : 다윈, 같은 책 8장, pp.180~181

36쪽 : 다윈, 같은 책 17장, pp.376~382

37쪽 : 다윈, 같은 책 17장, pp.383~384

3

48쪽 : 다윈, 『종의 기원』(Charles Darwin, *The Origin of Species*, Oxford University Press, 1996.) 1장, p.8

49쪽 : 다윈, 같은 책,1장, p.11

50쪽 위 : 다윈, 같은 책, 1장, p.26

50쪽 아래 : 다윈, 같은 책, 1장, p.27

4

52쪽 : 다윈, 같은 책, 2장, pp.38~39

57쪽 : 다윈, 같은 책, 2장, p.41

58쪽 : 다윈, 같은 책, 2장, p.44

61쪽 위 : 다윈, 같은 책, 2장, p.44

61쪽 아래 : 다윈, 같은 책, 2장, p.50

5

62쪽 : 다윈, 같은 책, 3장, p.51

67쪽 : 라마르크, 『무척추동물의 체계』(Lamarck, *Systeme des animaux sans vertebres*, Paris, 1801.) pp.403~411(Erik Trinkaus and Pat Shipman, *The Neandertals*, Random House, New York, 1994. p.19에서 재인용)

71쪽 : 다윈, 『종의 기원』, 3장, pp.51~52

6

73쪽 : 다윈, 같은 책, 3장, pp.52~53

75쪽 : 다윈, 같은 책, 3장, p.53

77쪽 위 : 다윈, 같은 책, 3장, pp.53~54

77쪽 아래 : 다윈, 같은 책, 3장, p.54

79쪽 : 다윈, 같은 책, 3장, p.56

80쪽 위 : 다윈, 같은 책, 3장, pp.62~63

80쪽 아래 : 다윈, 같은 책, 3장, p.63

82쪽 : 다윈, 같은 책, 3장, pp.65~66

7

86쪽 : 다윈, 같은 책, 4장, pp.67~68

87쪽 : 다윈, 같은 책, 4장, p.68

88쪽 : 다윈, 같은 책, 4장, p.69

90쪽 : 다윈, 같은 책, 4장, pp.75~77

91쪽 : 다윈, 같은 책, 4장, p.79

8

94쪽: 다윈, 같은 책, 4장, p.73

95쪽: 다윈, 같은 책, 4장, p.73

97쪽: 다윈, 같은 책, 4장, p.74

100쪽: 다윈, 같은 책, 4장, p.74

9

105쪽 위 : 다윈, 같은 책, 4장, pp.104~105

105쪽 아래 : 다윈, 같은 책, 4장, p.105

108쪽 : 다윈, 같은 책, 4장, pp.105~106

110쪽 : 다윈, 같은 책, 4장, pp.106~107

10

113쪽 : 다윈, 같은 책, 5장, p.108

116쪽 : 다윈, 같은 책, 5장, p.131

117쪽 : 다윈, 같은 책, 5장, pp.110~111

126쪽 : 다윈, 같은 책, 5장, pp.136~137

11

129쪽 : 다윈, 같은 책, 6장, p.140

130쪽 : 다윈, 같은 책, 6장, p.141

132쪽 : 다윈, 같은 책, 6장, p.141
134쪽 : 다윈, 같은 책, 6장, pp.146~147
135쪽 : 다윈, 같은 책, 6장, pp.147~148
136쪽 : 다윈, 같은 책, 6장, p.148

12

140쪽 : 다윈, 같은 책, 7장, p.169
141쪽 : 다윈, 같은 책, 7장, p.170
144쪽 : 다윈, 같은 책, 7장, p.171
146쪽 : 다윈, 같은 책, 7장, p.172

13

147쪽 : 다윈, 같은 책, 7장, p.176
150쪽 : 다윈, 같은 책, 7장, p.177
152쪽 : 다윈, 같은 책, 7장, pp.178~180
153쪽 위 : 다윈, 같은 책, 7장, p.181~182
153쪽 아래 : 다윈, 같은 책, 7장, p.182
154쪽 : 다윈, 같은 책, 7장, pp.182~183
155쪽 위 : 다윈, 같은 책, 7장, p.183
155쪽 아래 : 다윈, 같은 책, 7장, p.184
157쪽 : 다윈, 같은 책, 7장, pp.197~198

14

158쪽 : 굴드, 『다윈 이후』(Stephen Jay Gould, *Ever Since Darwin - Reflections in Natural History*, W. W. Norton & Company, 1977.) pp.16~17에서 재인용
165쪽 : 다윈, 같은 책, 8장, p.199
166쪽 : 다윈, 같은 책, 8장, p.211

15

169쪽 위 : 다윈, 같은 책, 9장, pp.226~227
169쪽 아래 : 다윈, 같은 책, 9장, p.227
170쪽 : 다윈, 같은 책, 9장, p.233
171쪽 : 다윈, 같은 책, 9장, pp.234~235
173쪽 : 다윈, 같은 책, 9장, pp.244~245
175쪽 : 다윈, 같은 책, 9장, p.251

16

181쪽 : 굴드, 같은 책, p.147
185쪽 : 다윈, 같은 책, 10장, p.252
186쪽 위 : 다윈, 같은 책, 10장, pp.256~257
186쪽 아래 : 다윈, 같은 책, 10장, p.258
188쪽 : 다윈, 같은 책, 10장, p.260
191쪽 주: 도킨스, 『눈먼 시계공』(Richard Dawkins, *The Blind Watchmaker - Why the evidence of evolution reveals a universe without design*, W.W. Norton & Company, Inc, 1996.) pp.223~224
191쪽 : 도킨스, 같은 책, p.240
192쪽 : 도킨스, 같은 책, p.244에서 재인용

17

193쪽 : 다윈, 같은 책, 11장, p.280
194쪽 : 다윈, 같은 책, 11장, pp.280~281
195쪽 : 다윈, 같은 책, 11장, p.281
196쪽 : 다윈, 같은 책, 11장, p.282
198쪽 : 다윈, 같은 책, 11장, p.283
199쪽 : 다윈, 같은 책, 11장, p.286
201쪽 : 다윈, 같은 책, 12장, p.318
202쪽 : 다윈, 같은 책, 12장, p.319
203쪽 : 다윈, 같은 책, 12장, p.322

18

205쪽 : 다윈, 같은 책, 13장, p.333
206쪽 : 다윈, 같은 책, 13장, p.369
208쪽 위 : 다윈, 같은 책, 13장, p.351
208쪽 아래 : 다윈, 같은 책, 13장, p.352
209쪽 : 다윈, 같은 책, 13장, p.352
210쪽 위 : 다윈, 같은 책, 13장, p.355
210쪽 아래 : 다윈, 같은 책, 13장, p.356
212쪽 위 : 다윈, 같은 책, 13장, p.359
213쪽 : 다윈, 같은 책, 13장, p.363
215쪽 위 : 다윈, 같은 책, 13장, p.367
215쪽 아래 : 다윈, 같은 책, 13장, p.368
216쪽 : 다윈, 같은 책, 13장, p.369

19

217쪽 : 도킨스, 같은 책, p. xv
219쪽 : 다윈, 같은 책, 14장, p.389
220쪽 : 다윈, 같은 책, 14장, p.390
221쪽 : 다윈, 같은 책, 14장, p.395
222쪽 : 다윈, 같은 책, 14장, pp.395~396

주니어클래식 1

종의 기원, 자연선택의 신비를 밝히다

2004년 3월 15일 1판 1쇄
2023년 7월 25일 1판 23쇄

지은이 윤소영

기획 이권우
편집 정은숙
제작 박흥기
마케팅 이병규, 이민정, 최다은, 강효원
홍보 조민희, 김솔미

출력 블루엔
인쇄 코리아피앤피
제책 J&D 바인텍

펴낸이 강맑실
펴낸곳 (주)사계절출판사 | **등록** 제406-2003-034호
주소 (우)10881 경기도 파주시 회동길 252
전화 031)955-8588, 8558
전송 마케팅부 031)955-8595 편집부 031)955-8596
홈페이지 www.sakyejul.net | **전자우편** skj@sakyejul.com
블로그 blog.naver.com/skjmail | **트위터** twitter.com/sakyejul | **페이스북** facebook.com/sakyejul

ISBN 978-89-5828-005-7 43400
ISBN 978-89-5828-407-9 (세트)